JN291595

実務に役立つシリーズ 4

パラメータ設計・応答曲面法 ロバスト最適化入門

JUSE-StatWorksオフィシャルテキスト

棟近 雅彦 監修
山田 秀・立林 和夫・吉野 睦 著

日科技連

まえがき

　本書では，パラメータ設計，応答曲面法，ロバスト最適化という比較的高度な手法の説明を狙いとしている．これらの方法は，統計的手法の実験計画法の範疇に入る．実験計画法は，検討の対象，目的，制約に応じてデータを効果的，効率的に収集するための実験の計画や，収集したデータを解析する方法を与える．

　実験計画法は，20世紀初頭にフィッシャー博士(Fisher, R. A.)により農事試験を対象として開発された．農事試験の場合には，天候，圃場，温度，水分など結果に影響を与える要因が複数存在する．また，これらの条件を厳密に一定に保つのは現実的に不可能であり，実験結果に誤差によるばらつきが存在する．したがって，品種，あるいは，育成方法など，複数の処理のなかから収穫高の高いものを選ぶには，誤差によるばらつきを考慮する必要がある．このような農事試験に対する要請が，実験計画法が生まれるきっかけとなった．ブロック因子の導入による実験の場の均一化や，分散分析など推測統計の導入による誤差を含むデータの取扱いなどである．

　1950年代に入ると，本書で取り上げるパラメータ設計，応答曲面法が開発され今日に至るまで進化し続けている．パラメータ設計は，田口玄一博士により提案されたもので，使用環境，製造の外乱などの変動に対して頑健(ロバスト)な条件を求めるものである．応答曲面法は，化学工程を主たる対象としてボックス博士(Box, G. E. P.)により提案されたものである．化学工程の場合には連続的な因子が多数存在するために，その効果的な取扱いが対象となる．さらに，本書では取り上げていない最適計画も，1950年代に生まれている．ほぼ同じ頃に，実験計画法の新たな進化の方向が示された点は興味深い．

　21世紀になるとコンピュータの発展により，大規模な計算やデータの視覚

化が容易になった．これにより，主に数値計算の分野で論じられている最適化技法と実験計画法が結び付き，ロバスト最適化の応用が製造業を中心に多数みられるようになった．

　本書では，ただ単に手順を示すのではなく，基本的考え方，主な出力結果，結果の解釈，留意点なども説明している．その際，パラメータ設計，応答曲面法，ロバスト最適化の基礎となる多因子要因計画，直交表による一部実施要因計画についても概略を示している．さらに，統計解析アプリケーションの出力がどのようになるかの概要を説明しているので，それぞれの方法の概略を理解できれば，手法の実践が頭に描きやすい．パラメータ設計，応答曲面法，ロバスト最適化について概略が理解できたなら，テキストに掲載されている数値例，あるいは，身近な数値例で実践をするのが理解の近道となる．本書は「実務に役立つシリーズ」の一冊である．このシリーズの他書籍と同様に，早稲田大学 棟近雅彦教授に監修をしていただいた．貴重なご意見にお礼申し上げる．

　本書の最終校正段階にて，タグチメソッドを考案された田口玄一先生の訃報というとても残念で悲しい知らせが届いた．日本企業で直交表がとてもよく用いられているのは，田口先生が直交表の線点図による一部実施計画の構成方法という，とても使いやすい方法を示したからと考える．また，頑健性をパラメータ設計により導入し，一段上の品質を実現する方法を示した．これら以外にも多数の方法を開発され，品質向上に多大な貢献をされた．
　田口先生のご冥福を心からお祈り申し上げます．
　2012 年 6 月

山田　秀，著者を代表して

パラメータ設計・応答曲面法・ロバスト最適化入門 目次

まえがき *iii*

第Ⅰ部　実験計画法の基礎

第1章　研究開発,技術開発,設計段階における実験計画法の役割 —— *3*

第2章　多因子の要因計画 —— *7*
2.1　概要 …… *7*
2.2　モデル …… *8*
2.3　平方和の分解と分散分析表 …… *9*
2.4　要因効果の推定 …… *11*

第3章　2水準直交表による一部実施要因計画 —— *13*
3.1　直交性を利用した実験回数の低減 …… *13*
3.2　交互作用の取扱い …… *15*
3.3　直交表による一部実施要因計画の構成 …… *18*
3.4　直交表データの解析 …… *21*
3.5　2水準直交表による計画の構成と解析例 …… *23*

参考文献 …… *29*

第Ⅱ部　パラメータ設計

第1章　パラメータ設計の概念 —————————————— 33
1.1　設計と実験計画法 ………………………………………………… 33
1.2　制御できる要因と制御できない要因 …………………………… 34
1.3　ノイズとその種類 ………………………………………………… 34
1.4　品質向上のための3種の方法 …………………………………… 35
1.5　エンジニアード・システムと4つの要素 ……………………… 36
1.6　パラメータ設計の視覚的イメージ ……………………………… 36
1.7　パラメータ設計の意義 …………………………………………… 37

第2章　パラメータ設計のための実験 ————————————— 39
2.1　パラメータ設計で使用する直交表 ……………………………… 39
2.2　パラメータ設計の実験における因子と水準 …………………… 40
2.3　パラメータ設計の実験レイアウト ……………………………… 43

第3章　動特性のパラメータ設計 ————————————————— 45
3.1　動特性とは ………………………………………………………… 45
3.2　動特性のシステムの入力と出力 ………………………………… 45
3.3　動特性の理想機能 ………………………………………………… 46
3.4　動特性の実験レイアウト ………………………………………… 48
3.5　動特性のロバストネスと傾きの定量化（動特性のSN比と感度）…… 49
3.6　制御因子の要因効果 ……………………………………………… 51
3.7　2段階設計による最適化 ………………………………………… 52
3.8　確認実験による再現性の確認 …………………………………… 54
3.9　動特性のパラメータ設計の事例 ………………………………… 55

第4章　望目特性のパラメータ設計 ———————————————— 61

- 4.1 望目特性とは ……………………………………………………… *61*
- 4.2 望目特性の実験レイアウト ……………………………………… *62*
- 4.3 望目特性のSN比 ………………………………………………… *63*
- 4.4 望目特性の要因効果図と2段階設計 …………………………… *64*
- 4.5 望目特性の最適化 ………………………………………………… *65*

第5章 非線形システムのパラメータ設計 ——————— *67*
- 5.1 非線形システムとは ……………………………………………… *67*
- 5.2 非線形システムの2段階設計とSN比 …………………………… *68*
- 5.3 非線形な目標線にチューニングする方法 ……………………… *71*

第6章 入出力が測れない場合のパラメータ設計 ——————— *75*
- 6.1 望小特性と望大特性 ……………………………………………… *75*
- 6.2 機能窓法 …………………………………………………………… *76*
- 6.3 動的機能窓法（化学反応など） …………………………………… *77*
- 6.4 デジタルのSN比（2種類の誤りがある場合） …………………… *84*

第7章 エネルギー比型SN比 ——————— *87*
- 7.1 田口の動特性のSN比がもつ問題点 ……………………………… *87*
- 7.2 エネルギー比型SN比 …………………………………………… *88*

参考文献 ……………………………………………………………………… *89*

第III部　応答曲面法

第1章 応答曲面法の概要 ——————— *93*
- 1.1 基本的な考え方 …………………………………………………… *93*
- 1.2 概要を示す例 ……………………………………………………… *94*

第2章　応答曲面推定のための計画 ―― 97
 2.1　計画に対する要請 …… 97
 2.2　中心複合計画 …… 97
 2.3　Box-Behnken 計画 …… 103

第3章　応答曲面の解析 ―― 107
 3.1　実験データに対する最小2乗法の適用 …… 107
 3.2　停留点(stationary point) …… 108
 3.3　応答の特徴づけ …… 109
 3.4　転換量・活性度データの解析例 …… 112
 3.5　制約付き最適化アプローチ …… 115

参考文献 …… 117

第Ⅳ部　ロバスト最適化

第1章　単目的最適化 ―― 121
 1.1　最適化の種類 …… 121
 1.2　種々の探索方法 …… 122
 1.3　ダウンヒル・シンプレックス法 …… 123
 1.4　事例 …… 124
  1.4.1　事例の説明 …… 124
  1.4.2　戦略①の解析手順 …… 127
  1.4.3　戦略②の解析手順 …… 133
  1.4.4　戦略③の解析手順 …… 136
  1.4.5　まとめ …… 138

目 次

第2章　多目的最適化 — 141
2.1　多目的最適化とは … 141
2.2　統合指標を用いた最適化 … 142
2.3　探索指標・統合指標の定義 … 143
2.3.1　探索指標 … 143
2.3.2　統合指標 … 145
2.4　どの統合指標を用いるか … 148
2.5　ウェイトについて … 150
2.6　条件付き最適化 … 151
2.7　逐次最適化とその方法 … 153

第3章　パレート解 — 155
3.1　パレート解とは … 155
3.2　曲面に乗るケース … 159
3.3　パレート解の最適化 … 159

第4章　ロバスト最適化 — 163
4.1　応答曲面法によるロバスト最適化とパラメータ設計の違い … 163
4.2　ロバスト最適化の方法 … 165
4.3　ロバスト最適化の事例 … 167

参考文献 … 170

索　引 … 171
JUSE-StatWorks/V 5 のご案内 … 175

第Ⅰ部　実験計画法の基礎

第1章
研究開発，技術開発，設計段階における実験計画法の役割

(1) 概要

　研究開発，技術開発，設計段階などでは，事実をデータで把握しそれをもとに検証し，新たな仮説を構築する過程がある．例えば研究開発などにおいて，システムそのものの基礎的事項はその分野固有の技術力で開発される．その後の複数の代替案から最も良いものを選ぶ，システムにおける水準を決めるなどは，データを収集しそれをもとに判断される．統計的手法は，この判断を助けるために威力を発揮する．統計的手法のなかで実験計画法は，データを計画的に収集しそれを解析するという一連の方法を与える．典型的には，いくつかの選択肢の中から良いものを選ぶ，あるいは，既存のシステムの最適水準を探索するなどの段階で，実験計画法は効果を発揮する．

　実験計画法とは，取り上げる対象の結果とそれに影響を与えると思われる要因の関係を調べるために，時間面，経済面などの制約を考慮しながら実験によりデータを得て，それを解析するための方法である．実験計画法は，フィッシャー(Fisher, R. A.)によって農事試験での応用を目的に開発された．農事試験の場合には，天候，圃場，温度，水分など結果に影響を与える要因が複数存在する．また，これらの条件を厳密に一定に保つのは現実的に不可能であり，実験結果にばらつきが存在する．すなわち，品種，あるいは，育成方法など複数の処理のなかから収穫高の高いものを，ばらつきの存在を認めたうえで見出す必要がある．このような農事試験に対する要請が，実験計画法が生まれるきっかけとなった．

　実験を行う際のフィッシャーの3原則とは，①反復・繰返し(replication)，

②ランダム化，無作為化(randomization)，③局所管理(local control)である．実験結果の変動が，偶然的なものなのか，あるいは処理の違いによって生じているのかを評価するためには，実験の誤差によるばらつきを評価する必要があり，①は誤差による変動の評価を可能にする．実験に取り上げる有限の要因とそれ以外の要因の影響を区別するために，それ以外の要因による変動を確率変動に転化する②が有効である．実験の環境を均一に保つのが困難な場合には，③にもとづき局所的に均一とみなしうる環境を実現し，そのなかで一通りの実験をするのがよい．

(2) 基本となる用語

取り上げる対象について結果を表現する指標を設定する．その指標を，**応答**(response)，あるいは，**特性**(characteristics)と呼ぶ．例えば焼成工程で生産量改善を図るときには，収率を応答として取り上げる．収率のように値が大きいほど好ましい性質を，望大応答，あるいは望大特性と呼ぶ．逆に小さいほど望ましい性質をもつ応答を，望小応答，あるいは望小特性と呼ぶ．さらに，ある特定の値が望ましい応答を，望目応答，あるいは望目特性と呼ぶ．

応答が決まると，次にそれに影響を及ぼすと考えられる要因のなかから実験で取り上げる変数を決める．これを**因子**(factor)と呼ぶ．また因子についての具体的な値を**水準**(level)と呼ぶ．因子の例として焼成温度が，水準の例として1000，1100，1200(℃)があげられる．

単数，あるいは複数の因子の水準を変えたときに応答が変化する量を**効果**(effect)と呼ぶ．ある因子単独での効果を**主効果**(main effect)と呼ぶ．また，複数の因子が組み合わさると表れる効果を**交互作用効果**(interaction effect)と呼ぶ．実験計画法は，応答と因子との関係について，適切な方法でデータを収集し，適切な方法でそれを解析する．その解析の際には，応答と因子との関係を**モデル**(model)で表現する．このモデルを構造模型と呼ぶ場合もある．

興味のある因子について，実験を行う水準を規定したものを計画(design)と呼ぶ．Designは計画と訳されたり，実験と訳されたりする．実験計画法のな

かで出てくる用語をあげると，要因計画 (factorial design)，一部実施要因計画 (fractional factorial design)，ブロック計画 (block design)，枝分れ計画 (nested design)，分割実験 (split-plot design)，応答曲面計画 (response surface design)，最適計画 (optimal design)，パラメータ設計 (parameter design)，コンピュータ実験 (computer experiments) である．また，これらの技法を組合せ，技術開発，研究開発，設計段階などにおけるロバスト最適化がなされる．

(3) 本書の狙い

本書では，前節で述べた実験計画法のなかで比較的高度な手法である「パラメータ設計」「応答曲面法」「ロバスト最適化」の基本となる考え方，概要，適用例などを紹介する．この**第Ⅰ部**では，実験計画法の基礎用語，概要に触れる．それとともに，パラメータ設計，応答曲面法，ロバスト最適化の基礎になる手法として，多因子の要因計画，直交表による一部実施実験を紹介する．**第Ⅱ部**ではパラメータ設計を取り上げ，考え方，種々の例を示す．さらに**第Ⅲ部**では，応答曲面法について考え方，基礎理論などを示す．最後の**第Ⅳ部**では，パラメータ設計，応答曲面法の考え方などを取り入れたロバスト最適化について紹介する．紙数の都合上，詳細は割愛しているところもあるので，各部の最後にある参考文献を適宜参照されたい．

第2章　多因子の要因計画

2.1　概要

　本節では，パラメータ設計，応答曲面法，ロバスト最適化の基礎となる要因計画について取り上げ，その概要を示す．詳細な理論などについては山田(2004)を，また統計解析アプリケーションによる事例は棟近，奥原(2006)を参照されたい．多因子の要因計画とは，複数の因子を取り上げ，それらの因子に関する水準組合せで決まる処理のすべてについて実験を行う計画であり，完全にランダムな順序で実験する．多因子要因計画を多元配置実験と呼ぶ場合もある．多因子要因計画の例を，2因子の場合について説明する．

　例えば，ある工程において4つのプレス機械(A_1，A_2，A_3，A_4)と，プレス温度(3水準，B_1：450，B_2：500，B_3：550(℃))を因子として取り上げ，プレス加工時間に影響を与えるのかどうかを検討する．これらの因子について，因子A，Bの水準数をそれぞれ$a=4$，$b=3$とすると水準組合せの数は$a \times b = 4 \times 3 = 12$である．これらの組合せにおいて，それぞれに繰返し数n回の実験を行う．したがって，$n=2$の場合に実験の総数は$N=abn=3 \times 4 \times 2 = 24$となる．実験を行う際には，$N=abn=24$の実験のすべてについてランダムに行う．また，この実験で収集されたデータの例を表2.1に示す．ここでの応答yは加工時間に関する指数であり，値は小さいほど好ましい．

　同一の水準組合せで複数回の実験を行う場合，繰返しがある実験という．例えばそれぞれの水準組合せで2回の実験を行う場合には，繰返し数2の実験と呼ぶ．また，それぞれの水準組合せで実験を1回のみ行う場合には，繰返しの

表 2.1　2 因子実験の例（プレス工程データ）

No.	A	B	順序	y	No.	A	B	順序	y
1	1	1	6	7.0	13	2	3	3	6.2
2	1	1	8	11.3	14	2	3	23	7.5
3	1	2	5	7.0	15	2	4	11	4.7
4	1	2	21	4.4	16	2	4	20	5.6
5	1	3	1	7.0	17	3	1	10	13.8
6	1	3	15	4.5	18	3	1	13	11.4
7	1	4	7	4.3	19	3	2	2	7.6
8	1	4	22	7.8	20	3	2	12	10.9
9	2	1	4	6.7	21	3	3	14	7.1
10	2	1	16	12.0	22	3	3	19	3.8
11	2	2	17	4.4	23	3	4	9	8.4
12	2	2	24	6.1	24	3	4	18	7.4

ない実験と呼ぶ．繰返しを入れるかどうかによって，誤差と交互作用が分離できるかどうかが決まる．具体的には，2 つの質的因子の場合には，繰返しを入れないと交互作用と誤差は分離できない．実験を行う対象についての技術的知見から交互作用を考えなくてよい場合には，交互作用による平方和を誤差とみなし，分散分析表を作成し検定を行うという対応策に合理性がある．また，量的因子の場合には，第 III 部の応答曲面法で紹介するように，次数別に交互作用を設定して交互作用平方和，誤差平方和を構成し，分散分析により要因効果を検定する．

2.2　モデル

2 因子完全無作為化要因計画でのモデルは，因子 A の第 i 水準における効果を α_i，因子 B の第 j 水準における効果を β_j，因子 A の第 i 水準と因子 B の第 j 水準における交互作用を $(\alpha\beta)_{ij}$ とし，ε_{ijk} を誤差とするとき，

$$y_{ijk} = \mu(A_i, B_j) + \varepsilon_{ijk}$$
$$= \mu + \alpha_i + \beta_j + (\alpha\beta)_{ij} + \varepsilon_{ijk} \quad (2.1)$$

となる．また ε_{ijk} は母平均 0，母分散 σ^2 の正規分布に従うものとする．さらに，このように定義した効果は相対的なものなので，

$\sum_i \alpha_i = 0$

$\sum_j \beta_j = 0$ \hfill (2.2)

$\sum_i (\alpha\beta)_{ij} = \sum_j (\alpha\beta)_{ij} = 0$

という制約をおく．このモデルを図 2.1 に示す．

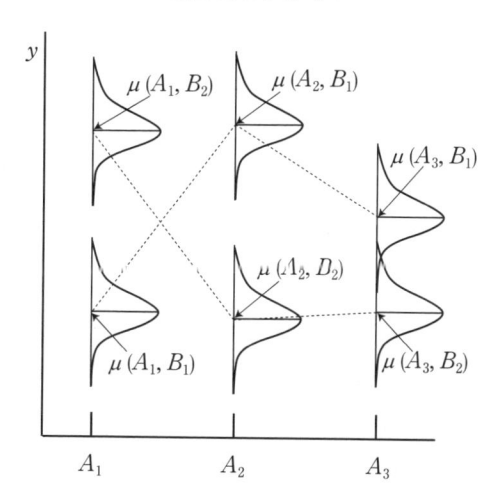

図 2.1 2 因子要因計画のモデル

このモデルにおいて，α_i，β_j には添え字がそれぞれ 1 つしかないのに対し，$(\alpha\beta)_{ij}$ には添え字が 2 つある．これは，α_i，β_j は 1 つの因子について水準を決めればその大きさが定まるものの，$(\alpha\beta)_{ij}$ は 1 つの因子のみでは大きさが定まらず，2 つの因子の水準を決めてその大きさが決まるという意味である．例えば，因子 A が第 1 水準の時には $i = 1$ であり，$(\alpha\beta)_{1j}$ なので効果の大きさは決まらない．この例からもわかるとおり，1 つの因子の水準で決まる効果が主効果であり，2 つの因子の水準で決まる効果が交互作用である．

2.3 平方和の分解と分散分析表

因子 A が a 水準，因子 B が b 水準で，繰返し数 2 の完全無作為化要因計画（繰返しのある二元配置実験）において，A が第 i 水準，B が第 j 水準，第 k 繰返しのデータ y_{ijk} について，式 (2.1) のモデルを考え，さらに母数に対する

制約として式(2.2)をおく．総平方和 S_T，A 間平方和 S_A，B 間平方和 S_B，誤差平方和 S_E を

$$S_T = \sum_i \sum_j \sum_k (y_{ijk} - \bar{y})^2 \tag{2.3}$$

$$S_A = \sum_i \sum_j \sum_k (\bar{y}_{A_i} - \bar{y})^2 = bn \sum_i (\bar{y}_{A_i} - \bar{y})^2 \tag{2.4}$$

$$S_B = \sum_i \sum_j \sum_k (\bar{y}_{B_j} - \bar{y})^2 = an \sum_j (\bar{y}_{B_j} - \bar{y})^2 \tag{2.5}$$

$$S_E = \sum_i \sum_j \sum_k (y_{ijk} - \bar{y}_{A_i B_j})^2 \tag{2.6}$$

で求める．S_T をそれぞれのデータ y_{ijk} と平均 $\bar{y}$ との偏差の平方和で定義していること，S_A を A_i 水準でのデータの平均 $\bar{y}_{A_i}$ を生データとみなして偏差平方和を求めてそれを定数倍していることなどをみると，本質的に同じ意図で定義されていることがわかる．さらに S_E についても，同一条件下での偏差平方和 $(y_{ijk} - \bar{y}_{A_i B_j})^2$ をすべての処理について求めてそれらの和で定義している点も同じである．なお，$\bar{y}_{A_i B_j}$ は A_i, B_j での応答の平均値を表す．

因子 A と B の 2 因子交互作用 $A \times B$ による平方和 $S_{A \times B}$ は

$$\begin{aligned} S_{A \times B} &= \sum_i \sum_j \sum_k (\bar{y}_{A_i B_j} - \bar{y}_{A_i} - \bar{y}_{B_j} + \bar{y})^2 \\ &= n \sum_i \sum_j (\bar{y}_{A_i B_j} - \bar{y}_{A_i} - \bar{y}_{B_j} + \bar{y})^2 \end{aligned} \tag{2.7}$$

で定義される．

自由度については1因子実験の場合と同様に導かれ，次のとおりとなる．

$$\begin{aligned} \phi_T &= abn - 1 \\ \phi_A &= a - 1 \\ \phi_B &= b - 1 \\ \phi_{A \times B} &= (a-1)(b-1) \\ \phi_E &= ab(n-1) \end{aligned} \tag{2.8}$$

そして，因子，誤差のそれぞれについて平方和 S と自由度 ϕ で除して V を求め，V の比によって求めた F 値をもとに p 値を計算し，分散分析を行う．分散分析表を表 2.2 に示す．分散分析表の基本的な構造は，一因子の場合も含めすべて共通である．

表 2.2 2因子完全無作為化要因計画における分散分析表(質的因子,繰返しありの場合)

要因	S	ϕ	V	F	p
A	S_A	$a-1$	S_A/ϕ_A	V_A/V_E	
B	S_B	$b-1$	S_B/ϕ_B	V_B/V_E	
$A \times B$	$S_{A \times B}$	$(a-1)(b-1)$	$S_{A \times B}/\phi_{A \times B}$	$V_{A \times B}/V_E$	
E	S_E	$ab(n-1)$	S_E/ϕ_E		
計	S_T	$\phi_T = abn-1$			

2.4 要因効果の推定

質的因子 A, B について,A_i のときの母平均 $\mu(A_i)$,あるいは A_i,B_j での母平均 $\mu(A_i, B_j)$ などがよく推定される.

水準 A_i に固定したときの母平均 $\mu(A_i) = \mu + \alpha_i$ の点推定は,

$$\hat{\mu}(A_i) = \bar{y}_{A_i} \tag{2.9}$$

で,またこれに対する 95% の信頼区間は,

$$\bar{y}_{A_i} \pm t(\phi_E, 0.05)\sqrt{V_E/(bn)} \tag{2.10}$$

である.これは 1 因子完全無作為化要因計画と同様に,

$$\text{点推定値} \pm t(\phi_E, 0.05)\sqrt{V_E/\text{点推定に用いた独立なデータ数}} \tag{2.11}$$

という構造になっている.

第3章
2水準直交表による一部実施要因計画

3.1 直交性を利用した実験回数の低減

　計画から2列を取り上げ，その2列によってつくられる水準組合せのすべてが同数回出現する場合，その2列は直交すると呼ぶ．例えば2水準の計画において，因子 A を表す列と因子 B を表す列において，すべての水準組合せとは $(A_1, B_1), (A_1, B_2), (A_2, B_1), (A_2, B_2)$ である．この水準組合せが同数回出現する場合，これらの2列は直交すると呼ぶ．因子を割り付けた2列間に直交性があれば，一方の因子の主効果を推定するのに，他因子の主効果の影響を取り除け，少数回の実験で要因効果を推定できる．

　因子間が直交する計画を構成するためのテンプレートが，直交表として用意されている．直交表とは，互いに直交する列からなる．表3.1，表3.2に直交表の例を示す．これらの表から任意の2列を選ぶと，必ず直交する．この性質を利用して，一部実施要因計画を構成する．例えば表3.1は8行からなり，それぞれの行が一回の実験に対応する．その場合の実験の条件は，因子を対応づけた列が示す水準を用いる．例えば表3.1において，A, B, C, D を，それぞれ，第1, 2, 4, 7列に対応づけた場合には，第3行は，A_1, B_2, C_1, D_2 という条件での実験を意味する．このようにして水準組合せを決め，実験を行う．なお列に因子を対応づける行為を，割付けと呼ぶ．割付けの手順については，交互作用の扱いの後に説明する．

　直交表による実験は，応用範囲も広く多くの現場で実施されている．第Ⅱ部のパラメータ設計，第Ⅳ部のロバスト最適化でも，直交表が応用されている．

第3章 2水準直交表による一部実施要因計画

表 3.1 $L_8(2^7)$ 直交表

No	[1]	[2]	[3]	[4]	[5]	[6]	[7]
1	1	1	1	1	1	1	1
2	1	1	1	2	2	2	2
3	1	2	2	1	1	2	2
4	1	2	2	2	2	1	1
5	2	1	2	1	2	1	2
6	2	1	2	2	1	2	1
7	2	2	1	1	2	2	1
8	2	2	1	2	1	1	2
成分	a	a b	a b	a c	a c	a b c	a b c

表 3.2 $L_{16}(2^{15})$ 直交表

	[1]	[2]	[3]	[4]	[5]	[6]	[7]	[8]	[9]	[10]	[11]	[12]	[13]	[14]	[15]
1	1	1	1	1	1	1	1	1	1	1	1	1	1	1	1
2	1	1	1	1	1	1	1	2	2	2	2	2	2	2	2
3	1	1	1	2	2	2	2	1	1	1	1	2	2	2	2
4	1	1	1	2	2	2	2	2	2	2	2	1	1	1	1
5	1	2	2	1	1	2	2	1	1	2	2	1	1	2	2
6	1	2	2	1	1	2	2	2	2	1	1	2	2	1	1
7	1	2	2	2	2	1	1	1	1	2	2	2	2	1	1
8	1	2	2	2	2	1	1	2	2	1	1	1	1	2	2
9	2	1	2	1	2	1	2	1	2	1	2	1	2	1	2
10	2	1	2	1	2	1	2	2	1	2	1	2	1	2	1
11	2	1	2	2	1	2	1	1	2	1	2	2	1	2	1
12	2	1	2	2	1	2	1	2	1	2	1	1	2	1	2
13	2	2	1	1	2	2	1	1	2	2	1	1	2	2	1
14	2	2	1	1	2	2	1	2	1	1	2	2	1	1	2
15	2	2	1	2	1	1	2	1	2	2	1	2	1	1	2
16	2	2	1	2	1	1	2	2	1	1	2	1	2	2	1
成分	a	a b	a b	a c	a c	a c	a c	a d	a d	a d	a d	a c d	a c d	a c d	a c d

3.2 交互作用の取扱い

(1) 直交表における交互作用の出現

因子 A と B の交互作用 $A \times B$ は,「一方の因子の効果の大きさが他方の因子の水準によって異なる作用」と表せる.水準 B_1 のときの A の効果は,A_1,B_1 のデータの平均値と A_2,B_1 のデータの平均値の差 $\left(\bar{y}_{A_1B_1} - \bar{y}_{A_2B_1}\right)$ をもとに求められる.同様に,B_2 のときの A の効果は,A_1,B_2 のデータの平均値と,A_2,B_2 のデータの平均値の差 $\left(\bar{y}_{A_1B_2} - \bar{y}_{A_2B_2}\right)$ から求められる.そしてこれらの差

$$\left(\left(\bar{y}_{A_1B_1} - \bar{y}_{A_2B_1}\right) - \left(\bar{y}_{A_1B_2} - \bar{y}_{A_2B_2}\right)\right) \tag{3.1}$$

は,交互作用の大きさを表現している.上記の演算において,

$$\begin{aligned}&\left(\left(\bar{y}_{A_1B_1} - \bar{y}_{A_2B_1}\right) - \left(\bar{y}_{A_1B_2} - \bar{y}_{A_2B_2}\right)\right)\\&= \bar{y}_{A_1B_1} - \bar{y}_{A_1B_2} - \bar{y}_{A_2B_1} + \bar{y}_{A_2B_2}\end{aligned} \tag{3.2}$$

であり,(A_1, B_1),(A_2, B_2) のように A と B が同水準のデータを足し合わせたものから,(A_1, B_2),(A_2, B_1) のように異水準のデータを引いた形になっている.これから,表3.3に示すように $A \times B$ の列を求めると,交互作用が推定可能となる.

表3.3 交互作用列の構成

A	B	交互作用 $A \times B$
1	1	1
1	2	2
2	1	2
2	2	1

直交表を用いて実験をするには,直交表の列に因子を対応させて実験の水準組合せを決める必要がある.因子 A,B を $L_8(2^7)$ 直交表における第[1]列,第[2]列にそれぞれ割り付けた場合には,表3.3の関係より,$(1,1,2,2,2,2,1,1)^\top$ という列を求めれば交互作用が求められる.この列は,$L_8(2^7)$ の第[3]列に等しい.したがって,第[1]列,第[2]列に因子を割り付けた場合には,第[3]列に

交互作用 $A \times B$ が現れる．また，因子 A と因子 B を第[1]列と第[4]列に割り付けた場合，同様に検討を行うと第[5]列に交互作用が現れる．このように，2水準系直交表で実験数が2のべき乗の場合には，ある列とそれ以外の列の交互作用は残りの列のどれかと完全に一致する．この交互作用の列に，他の因子を割り付けると，その効果は交互作用によるものなのか，他の因子によるものなのかがわからなくなる．このように，ある効果を求めると他の効果が入り込んで分離できなくなることを別名(aliase)な関係にある，あるいは，交絡関係にあると呼ぶ．

因子 A，B，C をそれぞれ第[1]，[2]，[4]列に割り付けた場合について，交互作用が現れる列をまとめたものを表3.4に示す．A と B，A と C，B と C の2因子交互作用 $A \times B$，$A \times C$，$B \times C$，ならびに，三因子交互作用 $A \times B \times C$ は，表3.4のとおり求められる．

表3.4 交互作用の出現例

No	[1] A	[2] B	[3] $A \times B$	[4] C	[5] $A \times C$	[6] $B \times C$	[7] $A \times B \times C$
1	1	1	1	1	1	1	1
2	1	1	1	2	2	2	2
3	1	2	2	1	1	2	2
4	1	2	2	2	2	1	1
5	2	1	2	1	2	1	2
6	2	1	2	2	1	2	1
7	2	2	1	1	2	2	1
8	2	2	1	2	1	1	2
成分	a		a		a		a
		b	b			b	b
				c	c	c	c

直交表による実験を構成するには交互作用の出現を考慮する必要があり，前節のとおり符号を見ながら一つひとつ交互作用が現れる列を求めるのは大変である．そこで交互作用が現れる列を把握して直交表を使いやすくするために，「交互作用をまとめた表」「成分記号」「線点図」が開発されている．

(2) 交互作用をまとめた表

 直交表から2列を選んだときに，その2列間の交互作用がどの列に現れるのかが表にまとめられている．例えば，$L_8(2^7)$ 直交表について，交互作用の出現をまとめたものを表3.5に示す．この表における列，行にある $[k]$ が，直交表における第 $[i]$ 列に対応する．例えば，横方向で [1]，縦方向で [2] に対応するセルには3という数字が記載されていて，これは第 [1] 列と第 [2] 列の交互作用は，第 [3] 列に現れることを意味する．また，$L_{16}(2^{15})$ 直交表について交互作用の出現パターンをまとめたものを表3.6に示す．この表も表3.5と同様に，行，列の対応するセルに交互作用が現れる列が記載されている．

表3.5 2水準直交表 $L_8(2^7)$ における交互作用の出現パターンをまとめた表

		列						
		[1]	[2]	[3]	[4]	[5]	[6]	[7]
列		[1]	3	2	5	4	7	6
			[2]	1	6	7	4	5
				[3]	7	6	5	4
					[4]	1	2	3
						[5]	3	2
							[6]	1
								[7]

(3) 成分記号

 表3.1，表3.2に示すとおり，直交表の下部には「成分記号」が記載されていて，これから交互作用が出現する列を求めることができる．2列間の交互作用が出現する列は，それらの成分記号の積をもつ列として求められる．ただし，成分記号の2乗は1とする．

 例えば，表3.1に示す $L_8(2^7)$ 直交表において，第 [1] 列，第 [2] 列の成分記号はそれぞれ a, b である．これらの記号の積は a×b = ab であり，これを成分記号に持つ列は第 [3] 列であるので，第 [1] 列と第 [2] 列の交互作用は第 [3] 列に出現する．また，第 [5] 列と第 [6] 列の成分記号はそれぞれ ac, bc であり，

表 3.6 2水準直交表 $L_{16}(2^{15})$ における交互作用の出現パターンをまとめた表

							列								
	[1]	[2]	[3]	[4]	[5]	[6]	[7]	[8]	[9]	[10]	[11]	[12]	[13]	[14]	[15]
列	[1]	3	2	5	4	7	6	9	8	11	10	13	12	15	14
		[2]	1	6	7	4	5	10	11	8	9	14	15	12	13
			[3]	7	6	5	4	11	10	9	8	15	14	13	12
				[4]	1	2	13	12	13	14	15	8	9	10	11
					[5]	3	14	13	12	15	14	9	8	11	10
						[6]	15	14	15	12	13	10	11	8	9
							[7]	15	14	13	12	11	10	9	8
								[8]	1	2	3	4	5	6	7
									[9]	3	2	5	4	7	6
										[10]	1	6	7	4	5
											[11]	7	6	5	4
												[12]	1	2	3
													[13]	3	2
														[14]	1

これらの積は abc^2 である．ここで成分記号の2乗は1なので，この積は $abc^2 = ab$ となるので，この成分記号をもつ第 [3] 列に交互作用が出現する．

(4) 線点図

　線点図とは，因子を割り付ける列を"点"，交互作用を2つの点を結ぶ"線"で表現したものである．この線点図は，田口玄一博士が直交表を使いやすくする目的で開発した．この例として，2水準直交表 $L_8(2^7)$ の線点図を**図 3.1** に，また，2水準直交表 $L_{16}(2^{15})$ の線点図を**図 3.2** に示す．この**図 3.1** において，第 [1] 列を表す点と第 [2] 列を表す点の間には線があり，その線上に3が記載されている．これは，第 [1] 列と第 [2] 列の交互作用が第 [3] 列に出現することを意味する．この線点図を用いると，交互作用の出現する列を把握できる．

3.3　直交表による一部実施要因計画の構成

　交互作用を考慮する場合には，求めたい交互作用と他の主効果，交互作用が

3.3 直交表による一部実施要因計画の構成

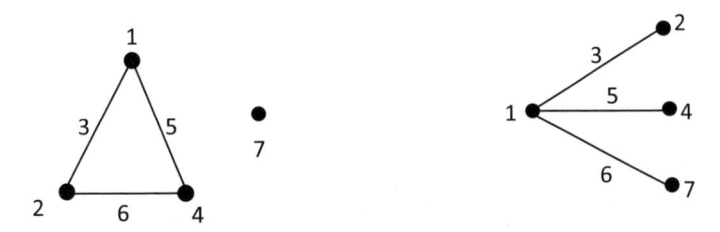

図 3.1 2 水準直交表 $L_8(2^7)$ の線点図の例

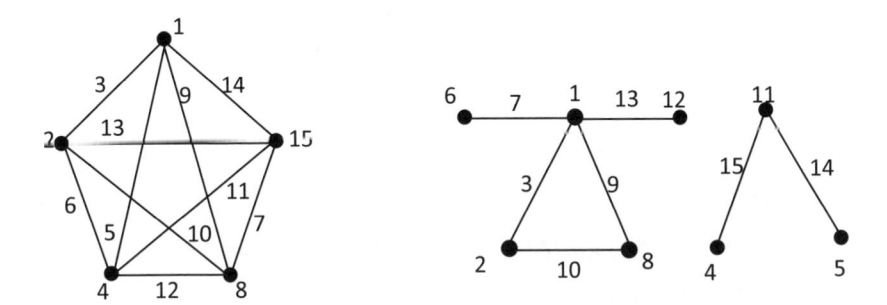

図 3.2 2 水準直交表 $L_{16}(2^{15})$ の線点図の例

交絡しないように列を割り付ける．すなわち交互作用が出現する列には，因子を割り付けないようにする．これを踏まえて「交互作用をまとめた表」「成分記号」を用いた 2 水準直交表への割付け方法を手順的に書くと次のとおりとなる．

① 求めるべき因子の主効果，交互作用を設定する．
② 求めるべき因子の主効果，交互作用の数よりも列数が大きい直交表を選ぶ．
③ 求めるべき因子の主効果と交互作用が別名関係にならないように因子を割り付ける列を選ぶ．
④ 実験全体をランダム化して実験順序を決定する．

成分記号を用いて割付けを行う場合の例で説明する．因子 A, B, C, D を取り上げ，これらの主効果と交互作用 $A \times B$, $A \times C$ が求められる割付けを考

える．因子 A を第[1]列，因子 B を第[2]列に割り付けるとすると，これらの交互作用 $A \times B$ は第[3]列に出現するので，この列には他の因子を割り付けない．また，この列と他の交互作用が交絡しないようにする．次に第[4]列に因子 C を割り付けると，第[5]列に交互作用 $A \times C$ が出現するので，この列にも因子を割り付けない．残りの第[6]，[7]列のいずれかに因子 D を割り付ければよいので，ここでは第[6]列に割り付けるものとする．

線点図を用いた割付けは，より効率的に狙いとする割付けを求めようとするものである．

① 求めるべき因子の主効果，交互作用を設定し，それにもとづいて実験に要求される線点図を作成する．
② 図3.1，図3.2などのなかから，実験に要求される線点図に近いものを探す．
③ 実験に要求される線点図とそれに近いと思われる線点図を比較し，因子を割り付ける列を決定する．
④ 実験全体をランダム化して実験順序を決定する．

例えば因子 A，B，C，D を取り上げ，これらの主効果と交互作用 $A \times B$，$A \times C$ が求められる割付けを考える．この場合に要求される線点図は，図3.3(a)である．これに近い線点図としては，図3.3(b)がある．これらを見ると，点を表す第[1]列に因子 A を，第[2]列に因子 B を割り付ける．とすると，こ

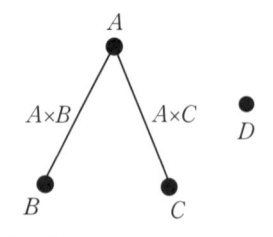

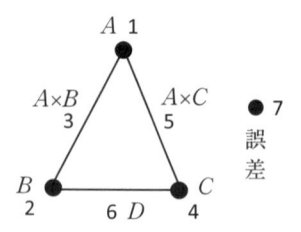

(a) 要求される線点図 (b) 用意されている線点図への組込み

図3.3 線点図を用いた割付けの例

れらの交互作用 $A \times B$ は線上の第[3]列に出現する．同様に，第[4]列に因子 C を割り付けると，第[5]列に交互作用 $A \times C$ が出現する．残りの第[6]，[7]列のいずれかに因子 D を割り付ければよいので，ここでは第[6]列に割り付けるものとする．

3.4 直交表データの解析

(1) 分散分析

直交表実験では，主効果，交互作用を割り付けた列ごとに平方和を求め，それをもとに分散分析表を作成する．実験数 N の直交表実験により，応答 $y_i (i = 1, \cdots, N)$ が測定されたとする．この添え字 i は，因子の水準を表すのではなく，量的因子の取扱いと同様に実験番号を表す．総平方和 S_T は今までと同様に

$$S_T = \sum_{i=1}^{N} (y_i - \bar{y})^2 \tag{3.3}$$

で定義する．

多因子実験での分散分析と同様に，因子 A の主効果による平方和を定義する．A_i 水準でのデータ数が $N/2$ であるので，

$$S_A = \frac{N}{2} \sum_i (\bar{y}_{A_i} - \bar{y})^2 = \frac{N}{4} (\bar{y}_{A_1} - \bar{y}_{A_2})^2 \tag{3.4}$$

となる．

これと同様に第 $[k]$ 列に割り付けた主効果による平方和は，第 $[k]$ 列が 1 のときの平均 $\bar{y}_{[k]1}$ と第 $[k]$ 列が 2 のときの平均 $\bar{y}_{[k]2}$ を用いて，

$$S_{[k]} = \frac{N}{4} (\bar{y}_{[k]1} - \bar{y}_{[k]2})^2 \tag{3.5}$$

となる．交互作用の列について，その水準記号は表 3.3 にもとづいて構成されているので，同じく式(3.5)を用いればよい．さらに直交表の場合には，

$$S_T = S_{[1]} + S_{[2]} + \cdots + S_{[N-1]} \tag{3.6}$$

という関係が成立する．

以上のことから，それぞれの列の平方和を求め，主効果，交互作用を割り付

けていない列による平方和を誤差平方和とみなすことで，平方和の分解が可能となる．第[1]列に因子 A，第[2]列に因子 B，第[4]列に因子 C，第[6]列に因子 D を割り付け，交互作用 $A \times B$ を考慮した直交表実験の場合には，

$$
\begin{aligned}
S_A &= S_{[1]} \\
S_B &= S_{[2]} \\
S_C &= S_{[4]} \\
S_D &= S_{[6]} \\
S_{A \times B} &= S_{[3]} \\
S_E &= S_{[5]} + S_{[7]} = S_T - (S_{[1]} + S_{[2]} + S_{[3]} + S_{[4]} + S_{[6]})
\end{aligned}
\tag{3.7}
$$

と平方和が分解できる．これらの平方和の自由度は，それぞれの列が2水準なので1となる．以上の分散分析表の例を，表3.7に示す．

表3.7 $L_8(2^7)$ 直交表を用いた場合の分散分析表の例

要因	S	ϕ	V	F	p
A	$S_{[1]}$	1	S_A/ϕ_A	V_A/V_E	
B	$S_{[2]}$	1	S_B/ϕ_B	V_B/V_E	
C	$S_{[4]}$	1	S_C/ϕ_C	V_C/V_E	
D	$S_{[7]}$	1	S_D/ϕ_D	V_D/V_E	
$A \times B$	$S_{[3]}$	1	$S_{A \times B}/\phi_{A \times B}$	$V_{A \times B}/V_E$	
E（誤差）	$S_{[5]} + S_{[7]}$	2	S_E/ϕ_E		
計	S_T	$N-1$			

(2) 要因効果の推定

要因効果，母平均の推定は，多因子実験と同様に行う．例えば，A_i に固定したときの母平均 $\hat{\mu}(A_i)$ について

$$
\hat{\mu}(A_i) = \bar{y}_{A_1}
\tag{3.8}
$$

で，また95%信頼区間は

$$
\bar{y}_{A_1} \pm t(\phi_E, 0.05) \sqrt{\frac{2}{N} V_E}
\tag{3.9}
$$

となる．また，因子 A の第1水準での効果 a_1 の点推定は

$$\hat{\alpha}_1 = (\bar{y}_{A_1} - \bar{y}_{A_2})/2 \tag{3.10}$$

で，また α_1 の 95% 信頼区間は

$$\bar{y}_{A_1} - \bar{y}_{A_2} \pm t(\phi_E, 0.05)\sqrt{\frac{4}{N}V_E} \tag{3.11}$$

となる．

　分散分析の後では，その結果にもとづいてモデルを表現し，その構造に応じ複数因子を組み合わせて効果を推定する．例えば因子 A，B，C，D を取り上げ，これらの主効果と交互作用 $A \times B$ を取り上げ $L_8(2^7)$ 直交表実験を構成し，分散分析の結果，すべての主効果，交互作用の変動が有意であったとする．このときのモデルは

$$\mu(A_i, B_j, C_k, D_l) = \mu + \alpha_i + \beta_j + (\alpha\beta)_{ij} + \gamma_k + \delta_l \tag{3.12}$$

となる．これらの推定には

$$\begin{aligned}
&\hat{\mu} = \bar{y}, &&\hat{\alpha}_i = \bar{y}_{A_i} - \bar{y} \\
&\hat{\beta}_j = \bar{y}_{B_j} - \bar{y}, &&\widehat{(\alpha\beta)}_{ij} = \bar{y}_{A_iB_j} - \bar{y}_{A_i} - \bar{y}_{B_j} + \bar{y} \\
&\hat{\gamma}_k = \bar{y}_{C_k} - \bar{y}, &&\hat{\delta}_l = \bar{y}_{D_l} - \bar{y}
\end{aligned} \tag{3.13}$$

を用いて，

$$\begin{aligned}
\hat{\mu}(A_i, B_j, C_k, D_l) &= \hat{\mu} + \hat{\alpha}_i + \hat{\beta}_j + \widehat{(\alpha\beta)}_{ij} + \hat{\gamma}_k + \hat{\delta}_l \\
&= \bar{y}_{A_iB_j} + \bar{y}_{C_k} + \bar{y}_{D_l} - 2\bar{y}
\end{aligned} \tag{3.14}$$

となる．この 95% 信頼区間は，

$$\hat{\mu}(A_i, B_j, C_k, D_l) \pm t(\phi_E, 0.05)\sqrt{\frac{1}{n_e}V_E} \tag{3.15}$$

となる．有効反復数について，伊奈の式を用いると

$$\frac{1}{n_e} = \frac{1}{2} + \frac{1}{4} + \frac{1}{4} - 2\frac{1}{8} = \frac{3}{4} \tag{3.16}$$

となる．

3.5　2水準直交表による計画の構成と解析例

(1)　計画の構成

　ある化学製品の生産試作段階において，生産量(kg/h)向上のためにパイ

ロットプラントを用いて下記の因子，水準を取り上げて実験を行う．取り上げる因子名などをまとめたものを，表3.8に示す．

表3.8　生産量向上のための実験の因子と水準

因子名	第1水準	第2水準
A：触媒種類	A_1 社製	A_2 社製
B：副原料 B 濃度	B_1(0.5%)	B_2(0.6%)
C：副原料 C 濃度	C_1(0.3%)	C_2(0.4%)
D：反応温度	D_1(1250℃)	D_2(1300℃)
F：加熱炉形状	F_1(円状)	F_2(長方形)
G：反応炉上部形状	G_1(円)	G_2(楕円)

① この実験に際して，技術的視点から考慮すべき2因子交互作用がない場合に，実験回数を少なくする計画を考える．交互作用を考慮する必要がないということは，効果を推定すべき6つの因子を独立に割り付けてよい，すなわち，6つの列が確保される計画で，効果の推定という意味で十分になる．以上のことから，$L_8(2^7)$ ならば全部で7列があるので，実験回数が少なく効果が推定できる．ただし，この場合の推定精度は，誤差の自由度が1しかなく不十分になるので実質的には勧められない．なお一般に，誤差の自由度をどの程度確保する必要があるかについて，整った理論はないが，経験的には推定の結果が安定するために，少なくとも3は欲しい．

② この実験に際して，技術的視点から考慮すべき2因子交互作用として，$A×B$，$A×C$，$A×D$，$B×C$，$B×D$，$C×D$があり，因子 A，B，C，D，F，G の主効果と，これらの交互作用が求められる割付けを考える．要求される線点図を図3.4に示す．また，用意されている線点図に組み込んだ様子を図3.5に示す．この図から，推定したい効果，交互作用が求められる割付けとして表3.9が得られる．なおこれ以外にも，これらの主効果，交互作用が推定可能な割付けは存在する．

3.5 2水準直交表による計画の構成と解析例

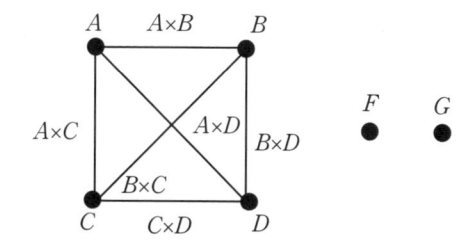

図 3.4 生産量向上のための実験に要求される線点図

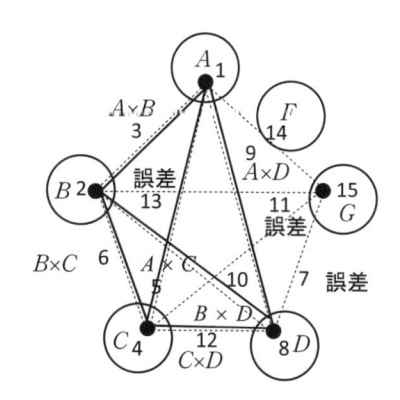

図 3.5 要求される線点図の用意されている線点図への組込み

(2) 2水準直交表データの解析

前節で取り上げた因子について，**表 3.9** に示す $L_{16}(2^{15})$ への割付けを行い，実験順序をランダムに実験した．その結果をまとめたものを，**表 3.10** に示す．このデータを用いて作成した分散分析表（**表 3.11**）において，因子 A，B の主効果，また2因子交互作用 $A \times B$，$A \times C$ が大きい．そこで，$A \times D$，$B \times C$，$B \times D$，$C \times D$ について，誤差項にプールし新たに分散分析を行う．

その結果をまとめたものを**表 3.12** に示す．この表から因子 A，B の主効果，2因子交互作用 $A \times B$，$A \times B$ の効果が大きいことがわかる．なお C については，その主効果の p 値からは効果が認められないものの，$A \times C$ の効果が大きいのでそのままモデルに取り入れる．また G についても，誤差とみなさずモデルに取り入れる．

表 3.9　生産量向上実験の因子の割付け

因子名	列番号	成分記号
A：触媒種類	[1]	a
B：副原料 B 濃度	[2]	b
C：副原料 C 濃度	[4]	c
D：反応温度	[8]	d
F：加熱炉形状	[14]	bcd
G：反応炉上部形状	[15]	abcd
$A \times B$	[3]	ab
$A \times C$	[5]	ac
$A \times D$	[9]	ad
$B \times C$	[6]	bc
$B \times D$	[10]	bd
$C \times D$	[12]	cd
誤差	[7]	abc
	[11]	abd
	[13]	acd

以上のことから

$$\mu(A, B, C, D, F, G) = \mu + \alpha + \beta + \gamma + \delta + \zeta + \eta + (\alpha\beta) + (\alpha\gamma) + \varepsilon \tag{3.17}$$

を考える．なお，上式において因子 F，G の効果を ζ，η で表している．

次に式(3.17)にもとづく推定は，多因子要因計画と同様の解析を丹念に行えばよい．具体的には，

$$\begin{aligned}
\hat{\mu} &= \bar{y} \\
\hat{\alpha} &= \bar{y}_A - \bar{y} \\
\hat{\beta} &= \bar{y}_B - \bar{y} \\
\hat{\gamma} &= \bar{y}_C - \bar{y} \\
\hat{\delta} &= \bar{y}_D - \bar{y} \\
\hat{\zeta} &= \bar{y}_F - \bar{y} \\
\hat{\eta} &= \bar{y}_G - \bar{y} \\
\widehat{(\alpha\beta)} &= \bar{y}_{AB} - \bar{y}_A - \bar{y}_B + \bar{y} \\
\widehat{(\alpha\gamma)} &= \bar{y}_{AC} - \bar{y}_A - \bar{y}_C + \bar{y}
\end{aligned} \tag{3.18}$$

表 3.10 生産量向上のための $L_{16}(2^{15})$ 実験結果

No.	[1] A	[2] B	[3] A×B	[4] C	[5] A×C	[6] B×C	[7]	[8] D	[9] A×D	[10] B×D	[11]	[12] C×D	[13]	[14] F	[15] G	順序	y
1	1	1	1	1	1	1	1	1	1	1	1	1	1	1	1	4	23
2	1	1	1	1	1	1	1	2	2	2	2	2	2	2	2	11	16
3	1	1	1	2	2	2	2	1	1	1	1	2	2	2	2	8	26
4	1	1	1	2	2	2	2	2	2	2	2	1	1	1	1	12	23
5	1	2	2	1	1	2	2	1	1	2	2	1	1	2	2	10	21
6	1	2	2	1	1	2	2	2	2	1	1	2	2	1	1	15	18
7	1	2	2	2	2	1	1	1	1	2	2	2	2	1	1	14	29
8	1	2	2	2	2	1	1	2	2	1	1	1	1	2	2	5	28
9	2	1	2	1	2	1	2	1	2	1	2	1	2	1	2	3	28
10	2	1	2	1	2	1	2	2	1	2	1	2	1	2	1	7	22
11	2	1	2	2	1	2	1	1	2	1	2	2	1	2	1	9	22
12	2	1	2	2	1	2	1	2	1	2	1	1	2	1	2	6	23
13	2	2	1	1	2	2	1	1	2	2	1	1	2	2	1	13	38
14	2	2	1	1	2	2	1	2	1	1	2	2	1	1	2	2	41
15	2	2	1	2	1	1	2	1	2	2	1	2	1	1	2	16	38
16	2	2	1	2	1	1	2	2	1	1	2	1	2	2	1	1	25
成分	a		a		a		a		a		a		a		a		
		b	b			b	b			b	b			b	b		
				c	c	c	c					c	c	c	c		
								d	d	d	d	d	d	d	d		

をそれぞれ推定し,これを組み合わせる.すなわち,

$$\hat{\mu}(A, B, C, D, F, G) = \hat{\mu} + \hat{\alpha} + \hat{\beta} + \hat{\gamma} + \hat{\delta} + \hat{\xi} + \hat{\eta} + (\widehat{\alpha\beta}) + (\widehat{\alpha\gamma})$$

$$= \bar{y}_{AB} + \bar{y}_{AC} - \bar{y}_A + \bar{y}_D + \bar{y}_F + \bar{y}_G - 3\bar{y} \quad (3.19)$$

となる.またこの場合の有効反復数は,伊奈の式,あるいは,田口の式により $n_e = 16/9$ が導かれる.したがって,特定の水準組合せでの母平均に対する95%信頼区間は

$$\hat{\mu}(A, B, C, D, F, G) \pm t(7, 0.05)\sqrt{9V_e/16} \quad (3.20)$$

となる.この計算をすべての水準組合せについて計算したところ,A_2, B_2, C_1, D_1, F_1, G_2 が最も生産量の推定値が高い水準組合せとなる.そのときには

$$\hat{\mu}(A_2, B_2, C_1, D_1, F_1, G_2) = 42.813 \quad (3.21)$$

表 3.11 生産性向上のための $L_{16}(2^{15})$ 実験における分散分析表(プーリング前)

要因	S	ϕ	V	F	p
A	175.563	1	175.563	11.919	0.041
B	189.063	1	189.063	12.836	0.037
C	3.063	1	3.063	0.208	0.679
D	52.563	1	52.563	3.569	0.155
F	39.063	1	39.063	2.652	0.202
G	27.563	1	27.563	1.871	0.265
$A \times B$	95.063	1	95.063	6.454	0.085
$A \times C$	150.063	1	150.063	10.188	0.050
$B \times C$	0.563	1	0.563	0.038	0.858
$A \times D$	0.063	1	0.063	0.004	0.952
$B \times D$	0.063	1	0.063	0.004	0.952
$C \times D$	0.563	1	0.563	0.038	0.858
誤差	44.188	3	14.729		
計	777.438	15			

表 3.12 生産性向上のための $L_{16}(2^{15})$ 実験における分散分析表(プーリング後)

要因	S	ϕ	V	F	p
A	175.563	1	175.563	27.047	0.001
B	189.063	1	189.063	29.127	0.001
C	3.063	1	3.063	0.472	0.514
D	52.563	1	52.563	8.098	0.025
F	39.063	1	39.063	6.018	0.044
G	27.563	1	27.563	4.246	0.078
$A \times B$	95.063	1	95.063	14.645	0.006
$A \times C$	150.063	1	150.063	23.118	0.002
誤差	45.438	7	6.491		
計	777.438	15			

となる.また $\mu(A_2, B_2, C_1, D_1, F_1, G_2)$ の 95% 信頼区間は $[38.294, 47.331]$ となる.

参 考 文 献

1) 棟近雅彦, 奥原正夫(2006)：『StatWorksによる新品質管理入門シリーズ③ JUSE-StatWorks による実験計画法入門』，日科技連出版社.
2) 山田秀(2004)：『実験計画法―方法編―』，日科技連出版社.

第Ⅱ部　パラメータ設計

第1章　パラメータ設計の概念

1.1　設計と実験計画法

　従来の製品設計や製造工程設計では，図1.1のように，目標とする特性が得られる試作品をまずつくり，さまざまな試験を行って品質問題を抽出し，その原因を分析して手を打つ形で品質をつくり込んできた．これは「つくって直す」方式であり，この方式では品質問題対策（設計の手直し）に開発工数の多くが食われ，開発効率が低下する．一般に，実験計画法は，このサイクルの原因分析の場面で活用されてきた．

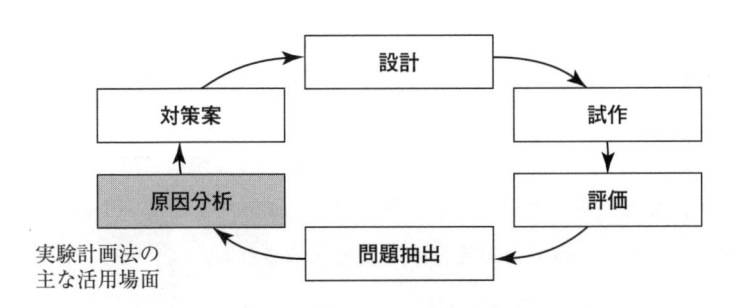

図1.1　従来の開発方法（デバッグサイクル）

　しかし，本来は図1.2のように，**設計**を行う段階で，使用条件のばらつきや劣化などのノイズに強い設計，すなわち**ロバスト設計**を行う必要がある．ロバスト（robust）とは条件変化に強いことを示し，パラメータ設計はそのための実験的方法である．市場品質問題の未然防止のためにも，試作段階の品質問題の未然防止による開発効率の向上のためにも，設計におけるロバストネスのつ

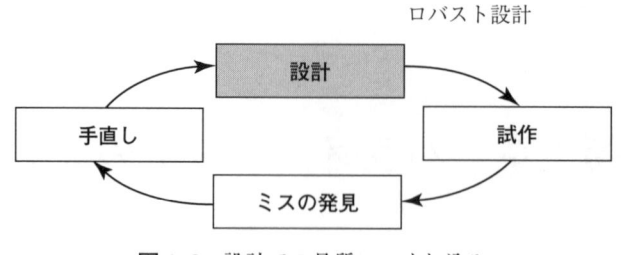

図1.2 設計での品質のつくり込み

くり込みが重要である．

1.2 制御できる要因と制御できない要因

　品質問題の改善のために，因子をいろいろ取り上げて実験したところ，寄与率の高い因子の多くが技術側では制御できないものであり，実際には対策を打てないという場合がある．例えば，複写機では，使用する用紙の銘柄，用紙の湿気などが用紙送りの信頼性に大きな影響を与える．しかし，用紙の銘柄はお客の都合によって選ばれ，また用紙の湿気はその日の天候によって変わる．すなわち，技術の側では制御ができない．タグチメソッドでは，このような要因を総称して**ノイズ**と呼んでいる．

　一方，用紙送りローラーの径や材質，表面加工の種類などは，図面や仕様書，工程指示書などで規定することができるので，制御できる要因である．技術者は制御できる要因のみで対策を打つことを求められる．

1.3 ノイズとその種類

　ノイズとは，部品やシステムのばらつきや劣化を生み出す原因をいい，次の3種類に分類できる．

　　① **外乱**：システムの外部から加わるノイズ．環境変動や使用条件のばらつき．

　　② **内乱**：システムの内部で発生するノイズ．使用部品や材料の劣化や，

特性の時間的変化など．

③ **部材ばらつき**：使用部品や材料，あるいは製造のばらつき．

ノイズの種類と数は，どんな技術でも想像以上に多い．例えば，複写機の用紙送り装置の場合，用紙の種類（銘柄），用紙の大きさ，用紙の表裏，用紙の吸湿状態などが用紙送りの信頼性に影響する．これらは上記の分類でいえば外乱である．また，用紙送りローラーの摩耗や劣化，汚れ，紙粉の付着なども用紙送り性能を悪化させるが，これらは内乱である．さらに，用紙送りローラーのゴム材料のロット間のばらつきや，用紙送り装置の組立てのできばえも影響するが，これらは部材ばらつきである．

1.4 品質向上のための3種の方法

製品や製造工程の品質を向上させる方法には，**図1.3**の3種類の方法がある．

① **ノイズの発見と除去**：発生した品質不良の原因（ノイズ）を見つけ，そのノイズのばらつきを抑える．

② **出力の補正**：特性値の変動やばらつきを測定し，フィードバックなどで補正する．

③ **ノイズの影響の減衰**：品質不良の原因であるノイズには手をつけず，その影響を減衰させる．

図1.3 3種類のノイズ対策

上記①の方法は，品質管理のなかで古くから行ってきた方法である．この方法は生産では有効であるが，お客の使用条件の変化には対策がとれない場合が多い．

②の方法はお客側の原因(ノイズ)に対しても有効であるが,フィードバック装置などでコストアップするうえ,フィードバック装置自体の品質問題や故障も発生する.

③の方法はきわめて巧妙な方法であり,その具体的な進め方は**パラメータ設計**,あるいは**ロバスト設計**と呼ばれている.

技術者は,品質トラブルの未然防止やコストアップの防止を行うために,最初に③の方法によってノイズに強いロバストな設計にしておき,次に①や②の方法をとるという順序で仕事を進めるのが合理的である.これは製品の設計だけでなく,生産工程や設備の設計においても同様である.

1.5 エンジニアード・システムと4つの要素

パラメータ設計では,技術や製品,部品,製造設備などを図1.4のエンジニアード・システムと呼ばれる「ものの見方」で捉える.エンジニアード・システムには**出力特性**,**入力信号**,**設計パラメータ**,**ノイズ**という4要素があり,技術側で制御できる設計パラメータと,制御できないノイズを区別して認識する.パラメータ設計の実験では,設計パラメータのことを制御できる因子という意味で**制御因子**と呼び,ノイズのことを誤差を生み出す因子という意味で**誤差因子**と呼んでいる.

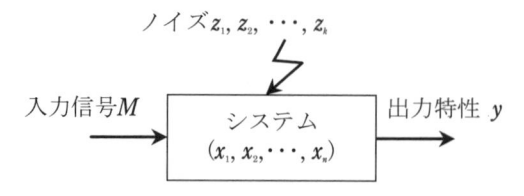

ノイズ $z_1, z_2, \cdots, z_k$

入力信号 M → システム $(x_1, x_2, \cdots, x_n)$ → 出力特性 y

y:システムの機能を表す出力
M:出力を変えるための入力信号
$x_1, x_2 \cdots x_n$:設計パラメータ
$z_1, z_2 \cdots z_k$:システムの機能を乱すノイズ

図1.4 エンジニアード・システム(パラメータ設計でのものの見方)

1.6 パラメータ設計の視覚的イメージ

図1.5はパラメータ設計の概念を図示したものである.図の左はシステム

がノイズの影響を受けて不安定なことを示している．ここでは，入力と出力の理想的な関係は直線であるが，実際にはノイズによって，この理想関係からずれて，乱れてしまっている．パラメータ設計によって，右側のグラフのように，入出力の関係を理想関係に近づけるのである．

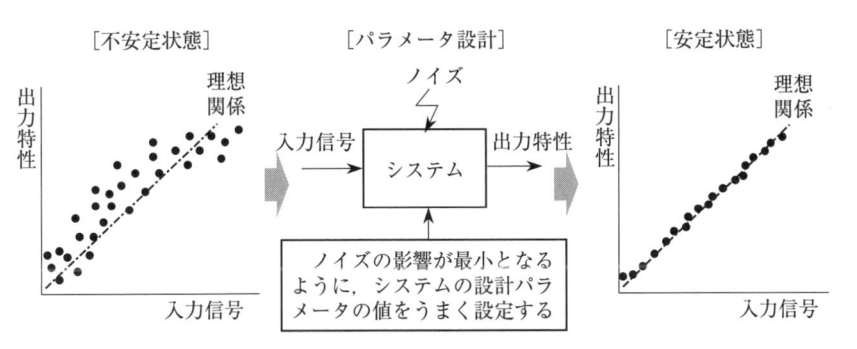

図1.5　パラメータ設計の視覚的イメージ

1.7　パラメータ設計の意義

　パラメータ設計を利用すれば，手段として実験計画法を利用することから，どのパラメータがノイズの影響を減衰するのかが**要因効果図**でわかる．このため，試行錯誤をともなうことなく，ほぼ直線的に最適設計に近づけることができ，設計作業の効率が上がる．そのうえ，**動特性のパラメータ設計**を行えば，以下の利点から，開発効率がさらに高まる効果がある．

(1)　パラメータ設計による開発活動の効率化

　お客の環境のばらつきや使用条件のばらつきに強い設計にすることができ，開発段階のさまざまな品質試験での品質問題の発生が激減し，設計の手戻りが極小化する．すなわち，開発効率が向上する．パラメータ設計は品質設計(Design for Quality)のための技法であると同時に，開発効率の向上のための技法でもある．

(2) 未知の不良の防止効果

品質不良の多くは，理想とする入出力関係からずれることで発生する．図1.6は，複写機の原稿濃度(入力)と，コピー濃度(出力)の関係を示したものである．複写機ではさまざまな画質不良が発生するが，それらはいずれも，入出力関係が理想関係からずれたものである．個別の不良が規格内にあるかどうかではなく，種々のノイズを加えたときのずれ量が最小になるように設計すれば，現在わかっている不良すべてが起きにくくなる．このときノイズをうまく加えれば，未知の不良も起きにくくできる．すなわち，パラメータ設計を行うことで既知の不良，未知の不良を未然防止できる．

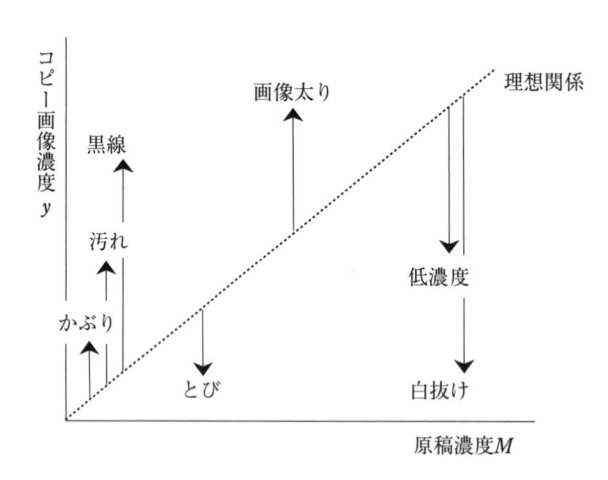

図1.6　複写機の入出力と画質不良

第2章　パラメータ設計のための実験

2.1　パラメータ設計で使用する直交表

　パラメータ設計では，**2.3節**で示すように，制御因子(設計パラメータ)を直交表に割り付ける．このとき，L_8，L_{16}，L_{32} などの2水準直交表や，L_9，L_{27} などの3水準直交表ではなく，L_{18}，L_{36}，L_{54} などの**混合系直交表**を使用することが多い．混合系直交表とは，1つの直交表のなかに異なる水準の列をもち，直交表の大きさ(行数)が複数の素数の倍数となっているものをいう．混合系の直交表では，2列間の交互作用が他の各列にばらまかれ，交互作用を見ようとしても見ることができない性質をもっている．制御因子間に交互作用があれば，最適水準が選択しにくいばかりか，不安定な設計となるので，交互作用を追求させないために，このような混合系直交表を使用する．すなわち，パラメータ設計では制御因子間の交互作用は取り上げない．一般には，実験規模の面から，**表2.1**の直交表 L_{18} を使用することが多い．

　L_{18} は，直交表の自由度($\phi = 18-1 = 17$)と列の自由度($\phi = 1+14 = 15$)が一致しておらず，その差($\phi = 2$)が直交表のなかには現れない特殊な直交表である．この $\phi = 2$ の自由度は1列と2列の交互作用分で，両列の二元表から求めることができる．これを利用して，1列と2列で6水準の因子をつくることもできる．**表2.2**には2水準の因子を11個，3水準の因子を12個割り付けられる直交表 L_{36} を示す．

表 2.1 直交表 $L_{18}(2^1 \times 3^7)$

行＼列	1	2	3	4	5	6	7	8
1	1	1	1	1	1	1	1	1
2	1	1	2	2	2	2	2	2
3	1	1	3	3	3	3	3	3
4	1	2	1	1	2	2	3	3
5	1	2	2	2	3	3	1	1
6	1	2	3	3	1	1	2	2
7	1	3	1	2	1	3	2	3
8	1	3	2	3	2	1	3	1
9	1	3	3	1	3	2	1	2
10	2	1	1	3	3	2	2	1
11	2	1	2	1	1	3	3	2
12	2	1	3	2	2	1	1	3
13	2	2	1	2	3	1	3	2
14	2	2	2	3	1	2	1	3
15	2	2	3	1	2	3	2	1
16	2	3	1	3	2	3	1	2
17	2	3	2	1	3	1	2	3
18	2	3	3	2	1	2	3	1

2.2 パラメータ設計の実験における因子と水準

(1) 信号因子(入力)

　信号因子とはシステムの入力のことをいい，システムの入出力関係がどの程度ノイズに対して強いのかを評価するために実験に取り上げる．(3)項で述べるように設計パラメータ(制御因子)は直交表に割り付けるが，直交表の実験No.ごとにこの信号因子の値(水準)を振って，その設計の「入出力関係のロバストネス」と直線性を評価する．ある特定製品向けの設計を行う場合のパラメータ設計においては，入力はその製品向けの値に固定し，実験では因子として取り上げないこともある(望目特性といい，**第4章**で取り上げる)．しかし，製品技術の汎用性を考えて，信号因子を取り上げるほうが望ましい．信号因子の水準数は3水準とすることが多いが，それ以上とすることもある．

2.2 パラメータ設計の実験における因子と水準

表 2.2 直交表 $L_{36}(2^{11} \times 3^{12})$

行＼列	1	2	3	4	5	6	7	8	9	10	11	12	13	14	15	16	17	18	19	20	21	22	23
1	1	1	1	1	1	1	1	1	1	1	1	1	1	1	1	1	1	1	1	1	1	1	1
2	1	1	1	1	1	1	1	1	1	1	1	2	2	2	2	2	2	2	2	2	2	2	2
3	1	1	1	1	1	1	1	1	1	1	1	3	3	3	3	3	3	3	3	3	3	3	3
4	1	1	1	1	1	2	2	2	2	2	2	1	1	1	1	2	2	2	2	3	3	3	3
5	1	1	1	1	1	2	2	2	2	2	2	2	2	2	2	3	3	3	3	1	1	1	1
6	1	1	1	1	1	2	2	2	2	2	2	3	3	3	3	1	1	1	1	2	2	2	2
7	1	1	2	2	2	1	1	1	2	2	2	1	1	2	3	1	2	3	3	1	2	2	3
8	1	1	2	2	2	1	1	1	2	2	2	2	2	3	1	2	3	1	1	2	3	3	1
9	1	1	2	2	2	1	1	1	2	2	2	3	3	1	2	3	1	2	2	3	1	1	2
10	1	2	1	2	2	1	2	2	1	1	2	1	1	3	2	1	3	2	3	2	1	3	2
11	1	2	1	2	2	1	2	2	1	1	2	2	2	1	3	2	1	3	1	3	2	1	3
12	1	2	1	2	2	1	2	2	1	1	2	3	3	2	1	3	2	1	2	1	3	2	1
13	1	2	2	1	2	2	1	2	1	1	2	3	1	3	2	1	3	3	2	1	2
14	1	2	2	1	2	2	1	2	1	2	3	1	2	1	3	2	1	1	3	2	3
15	1	2	2	1	2	2	1	2	1	3	1	2	3	2	1	3	2	2	1	3	1
16	1	2	2	2	1	2	2	1	2	1	1	1	2	3	2	1	1	3	2	3	3	2	1
17	1	2	2	2	1	2	2	1	2	1	1	2	3	1	3	2	2	1	3	1	1	3	2
18	1	2	2	2	1	2	2	1	2	1	1	3	1	2	1	3	3	2	1	2	2	1	3
19	2	1	2	2	1	1	2	2	1	2	1	1	2	1	3	3	3	1	2	2	1	2	3
20	2	1	2	2	1	1	2	2	1	2	1	2	3	2	1	1	1	2	3	3	2	3	1
21	2	1	2	2	1	1	2	2	1	2	1	3	1	3	2	2	2	3	1	1	3	1	2
22	2	1	2	1	2	2	2	1	1	1	2	1	2	2	3	3	1	2	1	1	3	3	2
23	2	1	2	1	2	2	2	1	1	1	2	2	3	3	1	1	2	3	2	2	1	1	3
24	2	1	2	1	2	2	2	1	1	1	2	3	1	1	2	2	3	1	3	3	2	2	1
25	2	1	1	2	2	2	1	2	2	1	1	1	3	2	1	2	3	3	1	3	1	2	2
26	2	1	1	2	2	2	1	2	2	1	1	2	1	3	2	3	1	1	2	1	2	3	3
27	2	1	1	2	2	2	1	2	2	1	1	3	2	1	3	1	2	2	3	2	3	1	1
28	2	2	2	1	1	1	1	2	2	1	2	1	3	2	2	2	1	1	3	2	3	1	3
29	2	2	2	1	1	1	1	2	2	1	2	2	1	3	3	3	2	2	1	3	1	2	1
30	2	2	2	1	1	1	1	2	2	1	2	3	2	1	1	1	3	3	2	1	2	3	2
31	2	2	1	2	1	2	1	1	2	2	1	3	3	3	2	3	2	2	1	2	1	1
32	2	2	1	2	1	2	1	1	2	2	1	1	1	1	3	1	3	3	2	3	2	2
33	2	2	1	2	1	2	1	1	2	2	1	3	2	2	2	1	2	1	1	3	1	3	3
34	2	2	1	1	2	1	2	1	2	2	1	1	3	1	2	3	2	3	1	2	2	3	1
35	2	2	1	1	2	1	2	1	2	2	1	2	1	2	3	1	3	1	2	3	3	1	2
36	2	2	1	1	2	1	2	1	2	2	1	3	2	3	1	2	1	2	3	1	1	2	3

パラメータ設計

(2) 誤差因子(ノイズ因子)

ノイズのなかで実験に取り上げるものを，**誤差因子**または**ノイズ因子**と呼ぶ．誤差因子は，実験のなかでその値を**強制的に変える**ことにより，市場でのばらつきや劣化をつくり出すための因子である．ばらつきの大きさを評価するときに，単純繰返しよりも，繰返し誤差の原因(ノイズ)を変化させるほうが効率的であることが誤差因子を取り上げる理由である．

実験では，設計パラメータ(制御因子)を割り付けた直交表の実験 No. ごとに，誤差因子の水準を振って「入出力関係のノイズに対する強さ」を評価する．

パラメータ設計の実験では，一般に3～5種類の性格の異なるノイズを取り上げ，次のように組み合わせて2水準の一つの誤差因子をつくり，評価条件の削減を行うことが多い．

$N_1 = K_1 Q_1 R_1 T_1 U_1$　　(すべてのノイズを出力が小さくなる値に設定)

$N_2 = K_2 Q_2 R_2 T_2 U_2$　　(すべてのノイズを出力が大きくなる値に設定)

ここで，K，Q，R，T，U は種類の異なるノイズを示す．このようにノイズを組み合わせることを**調合**と呼び，ノイズの組合せでつくった評価用の誤差因子を**調合誤差因子**と呼ぶ．ノイズの影響の定性的な傾向がわからない場合には，パラメータ設計の前に予備実験を行い，ノイズの影響の傾向を把握してから調合する．

(3) パラメータ(制御因子)

技術者が制御できる設計パラメータや工程条件で，実験に取り上げるものを**制御因子**と呼ぶ．設計技術者や生産技術者が図面，仕様書，工程条件表などのなかで種類や値などを指定する項目はすべて制御因子の候補である．制御因子は実験結果から，入出力関係のノイズに対する強さを向上させる水準を見つけ，その種類や値を図面，仕様書，工程条件表などで指定するものである．

パラメータ設計は，制御因子の最適水準を選択することを目的としているので，制御因子の水準は3水準とすることが多い．

製品のロバストネスの向上度は，適切な制御因子を取り上げたかどうか(魚

のいるところに釣り糸を垂らしたかどうか)に依存する．制御因子として何を取り上げるかの検討が重要である．

2.3 パラメータ設計の実験レイアウト

パラメータ設計では多くの場合，第3章の動特性の実験が行われる．表2.3に動特性のパラメータ設計の典型的な実験レイアウトを示す．表の左半分は直交表 L_{18} である．できるだけ多くの設計パラメータを検討し，そのなかから2水準のものを1個，3水準のものを7個取り上げ，空き列をつくらないようにするのが一般的である．

表2.3 パラメータ設計の典型的な実験レイアウト(動特性)

列 No.	A 1	B 2	C 3	D 4	E 5	F 6	G 7	H 8	M_1 N_1	M_1 N_2	M_2 N_1	M_2 N_2	M_3 N_1	M_3 N_2
1	1	1	1	1	1	1	1	1						
2	1	1	2	2	2	2	2	2						
3	1	1	3	3	3	3	3	3						
4	1	2	1	1	2	2	3	3						
5	1	2	2	2	3	3	1	1						
6	1	2	3	3	1	1	2	2						
7	1	3	1	2	1	3	2	3						
8	1	3	2	3	2	1	3	1						
9	1	3	3	1	3	2	1	2						
10	2	1	1	3	3	2	2	1						
11	2	1	2	1	1	3	3	2						
12	2	1	3	2	2	1	1	3						
13	2	2	1	2	3	1	3	2						
14	2	2	2	3	1	2	1	3						
15	2	2	3	1	2	3	2	1						
16	2	3	1	3	2	3	1	2						
17	2	3	2	1	3	1	2	3						
18	2	3	3	2	1	2	3	1						

直交表の左端の No. で示される 18 種類の設計条件に対して，信号因子を M_1 から M_3 まで変え，信号因子の各水準 M_i に対して誤差因子の条件を N_1，N_2 と変えてデータを測定する．左半分の直交表を，直交表の内側という意味

で**内側直交表**と呼び，信号因子と誤差因子を**外側因子**と呼ぶ．

第3章　動特性のパラメータ設計

3.1　動特性とは

　入力の値の変化に応じて出力の値が変わる(動く)ものを**動特性のシステム**と呼び，入出力をもつシステムのノイズに対する強さを表す尺度を**動特性のSN比**と呼ぶ．

　製品，それに使用する技術，あるいは製造工程のほとんどは，入出力をもつ動特性である．一見，出力を調整するための入力がないように見える第4章の望目特性のシステムは，エンジニアード・システムの入力を1点に固定したものである．

3.2　動特性のシステムの入力と出力

　動特性の実験においては，最初のステップで，最適化しようとしているシステムの入出力を，エンジニアード・システムの概念にもとづいて検討する．しかし，日常業務のなかでは，技術者は仕様や規格を相手にしており，機能(働き)を考えた入出力は扱っていない．このため，動特性の実験を行うときに，入出力を明確にできない場合がある．このような場合，次の機能検討のガイド(日本品質管理学会(2010))が参考となる．

　　①　エネルギー変換(伝達)

　　　　入力エネルギーを出力エネルギーに変換する．モーター(電力を回転エネルギーに変換)，送風(電力を風量に変換)，機械加工(ある量を加工したときの消費電力)など．

② 物理法則

技術者は物理の法則を利用して技術を構成する．抵抗体やはんだ付け（オームの法則：電圧と電流），構造体（フックの法則：荷重と変形量），摩擦（接触力と摩擦力），めっき（クーロンの法則：電力とめっき量），発熱体（ジュール熱：電力と発熱量）など．

③ 化学反応

主原料Aと副原料Bを化学反応させて目的生成物Cをつくる．

④ 転写性

入力するものを出力に引き写す．入力するものと出力するものが同じ次元（単位）をもつ．プラスチックの射出成型，圧縮成形，ならい旋盤，計測器，複写機など．

入出力，ノイズ，設計パラメータを検討する場面で，システムチャートと呼ばれる図がよく利用される．図3.1は，めっき処理のシステムチャートの例である．

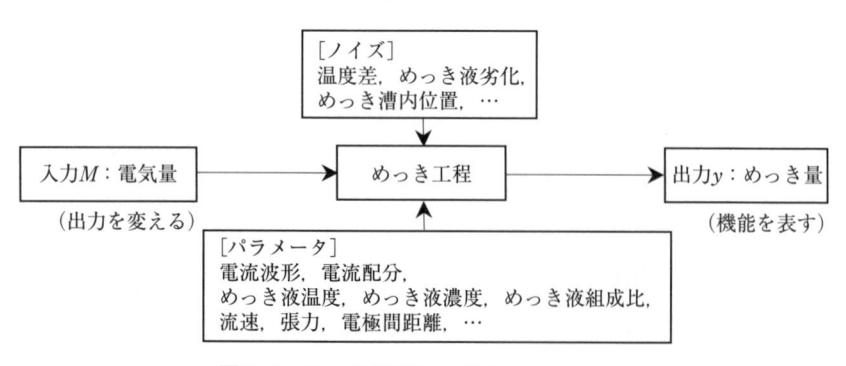

図3.1　めっき処理のシステム・チャート

3.3　動特性の理想機能

入力と出力が明確になったら，入出力の間の理想関係を検討する．入出力の理想関係は，以下のように，大きく分ければ「線形関係」と「非線形関係」が

3.3 動特性の理想機能

ある.

(1) 入出力が線形関係にある場合

簡単でわかりやすい理想機能は，入力 M の変化に対して出力 y が直線的に変化するのが理想という場合である．以下の3つのケースがあるが，多くのシステム・技術は(a)を理想としている．

(a) ゼロ点比例式

入力がゼロのときには出力がゼロであり，入力の増加に比例して出力が上がっていくのを理想とするもの(**図 3.2(a)**)．数式で表すと，

$$y = \beta M \tag{3.1}$$

である．

(b) 1次式

入力がゼロでも技術の原理上，出力がゼロにならないもの(出力をゼロにしたくないものも含む)があり，これを理想とする(**図 3.2(b)**)．数式で示すと，

$$y = \alpha + \beta M \tag{3.2}$$

である．

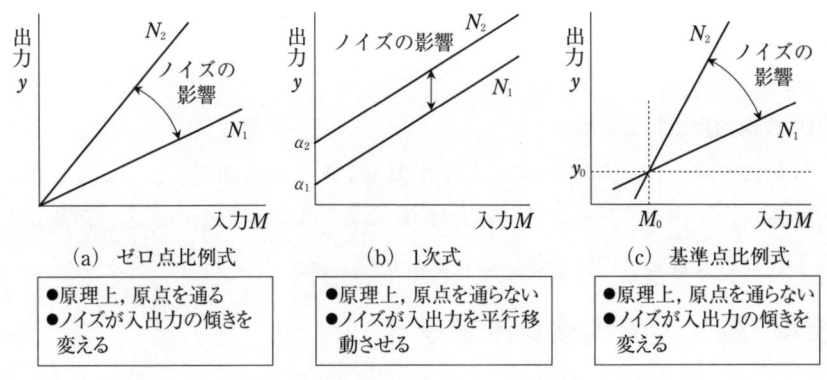

図 3.2 いろいろな理想機能(入出力が線形関係にある場合)

(a) ゼロ点比例式
- 原理上，原点を通る
- ノイズが入出力の傾きを変える

(b) 1次式
- 原理上，原点を通らない
- ノイズが入出力を平行移動させる

(c) 基準点比例式
- 原理上，原点を通らない
- ノイズが入出力の傾きを変える

(c) 基準点比例式

入出力の関係が原理上ゼロではない，ある決まった点を通り，これを理想とする（図 3.2(c)）．数式で示すと，

$$y - y_0 = \beta (M - M_0) \tag{3.3}$$

である．

(2) 入出力が非線形な場合

入力に対して出力が非線形に変化することを理想とするもので，以下の2つのケースがある．

(a) 変数変換により線形関係に置き換えられるもの

例えば，出力 y が入力 M に対して

$$y = A \times e^{\beta M} \tag{3.4}$$

の関係をもつことを理想とするものは，両辺の自然対数をとれば，

$$\ln y = \ln A + \beta M \tag{3.5}$$

となり，$\ln y$ を新変数 Y とみなせば，

$$Y = \ln A + \beta M \tag{3.6}$$

となり，線形関係の場合の基準点比例式が適用できる．非線形関係の入出力の多くは物理現象によるものなので，変数変換により線形関係に置き換えることができる．

(b) 技術的要求によるもの

技術的要求から，入力 M に対して出力 y がある形の曲線に従うことを理想とする場合．例えば，カムの回転角度 M に対して，回転中心からの距離がある形に従ってほしい場合など．これは第5章で扱う．

3.4 動特性の実験レイアウト

動特性のパラメータ設計では，2.3節で述べたように，表2.3のようなレイ

アウトで実験を行う．

3.5 動特性のロバストネスと傾きの定量化（動特性のSN比と感度）

パラメータ設計では，入出力のロバストネスを動特性のSN比によって数値化する．このとき，システムにどんな理想機能を求めるかによって，システムのロバストネスを数値化するSN比の計算式が変わる．それぞれどのような式を使うかは表3.1に示すが，原理的に困難な理想機能を無理に要求しても，実験結果の再現性を低下させる．また，データがたまたま1次式に回帰するからといって，1次式を理想機能とするのも誤りである．技術的にみて，どうなっているはずというものが理想機能である．動特性のSN比を大きくすることは，その理想に近づけることを意味する．動特性のSN比，感度は式(3.7)，式(3.8)で定義される．

$$\text{動特性のSN比} = \frac{\beta^2}{\sigma^2} \tag{3.7}$$

$$\text{動特性の感度} = \beta^2 \tag{3.8}$$

SN比と感度をデータ解析するときには，10 log をとって，以下のデシベル値とすることが多い．

$$\text{動特性のSN比}\,\eta\,(\text{デシベル}) = 10\log\frac{\beta^2}{\sigma^2} \tag{3.9}$$

$$\text{動特性の感度}\,S\,(\text{デシベル}) = 10\log\beta^2 \tag{3.10}$$

なお，StatWorksでは，感度は一般の回帰分析の傾きの概念と合わせるために，オプション指定で傾きβを使用することもできる．

表3.1の動特性のSN比と感度の計算過程の左半分がゼロ点比例式の場合，右半分が1次式の場合である．信号因子の水準はk水準，誤差因子の水準はn水準であり，信号因子と誤差因子の二元配置で各r_0回ずつのデータを採取した場合を示しており，ふつうは$r_0 = 1$の実験を行う．基準点比例式のSN比の計算は，データ(M, y)から基準点(M_0, y_0)をそれぞれ引いて，ゼロ点比例式のSN比の計算を行う．StatWorksではSN比と感度の計算は自動的に行わ

表 3.1 ゼロ点比例式と 1 次式の SN 比の計算式

ゼロ点比例式の SN 比と感度	1 次式の SN 比と感度
［データ］	［データ］

ゼロ点比例式側：

		信号(k 水準)			線形式
		M_1 M_2 $\cdots$ M_k			L_i
ノイズ：n 水準	N_1	y_{11} y_{12} $\cdots$ y_{1k}			L_1
(繰返し $r_0=1$)	N_2	y_{21} y_{22} $\cdots$ y_{2k}			L_2
	$\vdots$	$\vdots$			$\vdots$
	N_n	y_{n1} y_{n2} $\cdots$ y_{nk}			L_n
計		Y_1 Y_2 $\cdots$ Y_k			L

1 次式側：

		信号(k 水準)			合計
		M_1 M_2 $\cdots$ M_k			N_i
ノイズ：n 水準	N_1	y_{11} y_{12} $\cdots$ y_{1k}			N_1
(繰返し $r_0=1$)	N_2	y_{21} y_{22} $\cdots$ y_{2k}			N_2
	$\vdots$	$\vdots$			$\vdots$
	N_n	y_{n1} y_{n2} $\cdots$ y_{nk}			N_n
計		Y_1 Y_2 $\cdots$ Y_k			T

ゼロ点比例式：

$S_T = r_0 nk$ 個のデータの 2 乗和　$(\phi = r_0 nk)$

$r = r_0 n(M_1^2 + M_2^2 + \cdots + M_k^2)$

$L_1 = y_{11} M_1 + y_{12} M_2 + \cdots + y_{1k} M_k$

$\vdots$

$L_n = y_{n1} M_1 + y_{n2} M_2 + \cdots + y_{nk} M_k$

$S_\beta = \dfrac{1}{r}(L_1 + L_2 + \cdots + L_n)^2 = \dfrac{1}{r} L^2 \quad (\phi = 1)$

$S_{\beta \times N} = \dfrac{L_1^2 + L_2^2 + \cdots + L_n^2}{(r/r_0 n)} - S_\beta \quad (\phi = n-1)$

$S_e = S_T - S_\beta - S_{\beta \times N} \quad (\phi = r_0 nk - n)$

$V_e = S_e / (r_0 nk - n)$

$S_{N'} = S_{\beta \times N} + S_e = S_T - S_\beta \quad (\phi = r_0 nk - 1)$

$V_{N'} = S_{N'} / (r_0 nk - 1)$

SN 比 $\hat{\eta} = 10 \log \dfrac{\dfrac{1}{r}(S_\beta - V_e)}{V_{N'}}$

感度 $\hat{S} = 10 \log \dfrac{1}{r}(S_\beta - V_e)$

1 次式：

$S_m = (r_0 nk$ 個のデータの和$)^2 / r_0 nk \quad (\phi = 1)$

$S_T = r_0 nk$ 個のデータの 2 乗和　$(\phi = r_0 nk)$

$\overline{M} = (M_1 + M_2 + \cdots + M_k)/k$

$r = r_0 n [(M_1 - \overline{M})^2 + (M_2 - \overline{M})^2 + \cdots + (M_k - \overline{M})^2)]$

$S_\beta = \dfrac{1}{r}[(M_1 - \overline{M}) Y_1 + (M_2 - \overline{M}) Y_2 + \cdots + (M_k - \overline{M}) Y_k]^2 \quad (\phi = 1)$

$S_N = (N_1^2 + N_2^2 + \cdots + N_n^2)/r_0 k - S_m \quad (\phi = n-1)$

$S_e = S_T - S_m - S_\beta - S_N \quad (\phi = r_0 nk - n - 1)$

$V_e = S_e / (r_0 nk - 1 - n)$

$S_{N'} = S_N + S_e = S_T - S_m - S_\beta \quad (\phi = r_0 nk - 2)$

$V_{N'} = S_{N'} / (r_0 nk - 2)$

SN 比 $\hat{\eta} = 10 \log \dfrac{\dfrac{1}{r}(S_\beta - V_e)}{V_{N'}}$

感度 $\hat{S} = 10 \log \dfrac{1}{r}(S_\beta - V_e)$

［2 乗和の分解］（ゼロ点比例式）

要因	ϕ	S	V
入力の効果 β	1	S_β	$V_\beta = S_\beta$
誤差因子 $\beta \times N$	$n-1$	$S_{\beta \times N}$	
その他の誤差 e	$r_0 nk - n$	S_e	V_e
誤差の合計 $(N+e)$	$r_0 nk - 1$	$S_{N'}$	$V_{N'}$
計	$r_0 nk$	S_T	

［2 乗和の分解］（1 次式）

要因	ϕ	S	V
平均 m	1	S_m	
入力の効果 β	1	S_β	$V_\beta = S_\beta$
誤差因子 N	$n-1$	S_N	
その他の誤差 e	$r_0 nk - n - 1$	S_e	V_e
誤差の合計 $(N+e)$	$r_0 nk - 2$	$S_{N'}$	$V_{N'}$
計	$r_0 nk$	S_T	

れ，その計算過程と計算結果は「解析データ」タグの「計算過程」シートに表示される．

動特性の SN 比が何を意味するのかを**図 3.3** に示す．

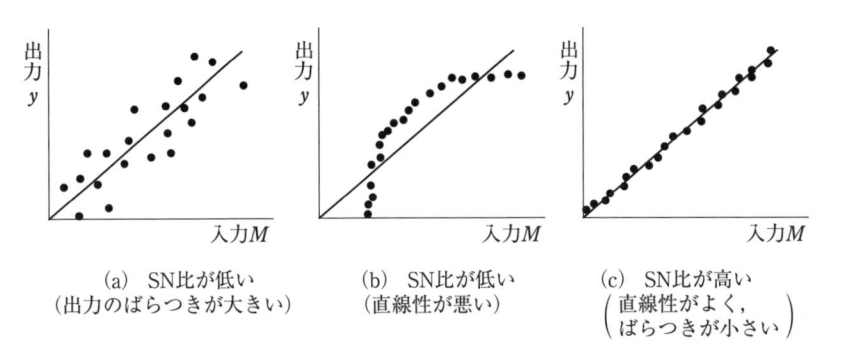

(a) SN比が低い
（出力のばらつきが大きい）

(b) SN比が低い
（直線性が悪い）

(c) SN比が高い
$\begin{pmatrix} 直線性がよく, \\ ばらつきが小さい \end{pmatrix}$

図 3.3 動特性の SN 比の良さ

表 3.1 のデータ $y_{11} \sim y_{nk}$ をもとに，実験 No. ごとに各 nk 個のデータから SN 比と感度を計算する．信号因子が 3 水準，誤差因子が 2 水準の場合，$nk = 6$ である．

3.6 制御因子の要因効果

直交表の各実験 No. ごとに，**表 3.2** のように SN 比（デシベル）と感度（デシベル）を求めたら，直交表に割り付けた各因子について，SN 比と感度に対する水準平均を計算する．例えば，制御因子 B の第 1 水準の SN 比の水準平均は，第 2 列が第 1 水準の実験の 6 個の SN 比を平均して求める．感度の水準平均も同様に求める．

$$制御因子 B の第 1 水準の SN 比の平均 = \frac{\eta_1 + \eta_2 + \eta_3 + \eta_{10} + \eta_{11} + \eta_{12}}{6}$$

直交表に割り付けた各制御因子についての水準平均を求めたら，**図 3.4**，**図 3.5** の例のようにグラフ化する．実験した因子の効果をグラフ化したものを**要因効果図**と呼び，SN 比に対するものと，感度に対するものとの，2 つの要因

表 3.2 実験 No. ごとに SN 比と感度を計算した結果

列 No.	A 1	B 2	C 3	D 4	E 5	F 6	G 7	H 8	SN 比	感度
1	1	1	1	1	1	1	1	1	η_1	S_1
2	1	1	2	2	2	2	2	2	η_2	S_2
3	1	1	3	3	3	3	3	3	η_3	S_3
4	1	2	1	1	2	2	3	3	η_4	S_4
5	1	2	2	2	3	3	1	1	η_5	S_5
6	1	2	3	3	1	1	2	2	η_6	S_6
7	1	3	1	2	1	3	2	3	η_7	S_7
8	1	3	2	3	2	1	3	1	η_8	S_8
9	1	3	3	1	3	2	1	2	η_9	S_9
10	2	1	1	3	3	2	2	1	η_{10}	S_{10}
11	2	1	2	1	1	3	3	2	η_{11}	S_{11}
12	2	1	3	2	2	1	1	3	η_{12}	S_{12}
13	2	2	1	2	3	1	3	2	η_{13}	S_{13}
14	2	2	2	3	1	2	1	3	η_{14}	S_{14}
15	2	2	3	1	2	3	2	1	η_{15}	S_{15}
16	2	3	1	3	2	3	1	2	η_{16}	S_{16}
17	2	3	2	1	3	1	2	3	η_{17}	S_{17}
18	2	3	3	2	1	2	3	1	η_{18}	S_{18}

図 3.4 SN 比 η の要因効果図

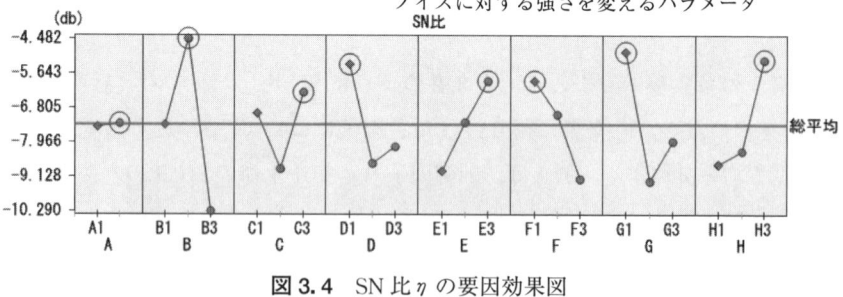

効果図が得られるところにパラメータ設計の特徴がある．

3.7　2 段階設計による最適化

パラメータ設計では，制御因子の最適化は次の **2 段階設計**によって行う．

3.7 2段階設計による最適化

感度に対して効果が大きいものが入出力の傾きを変えるパラメータ

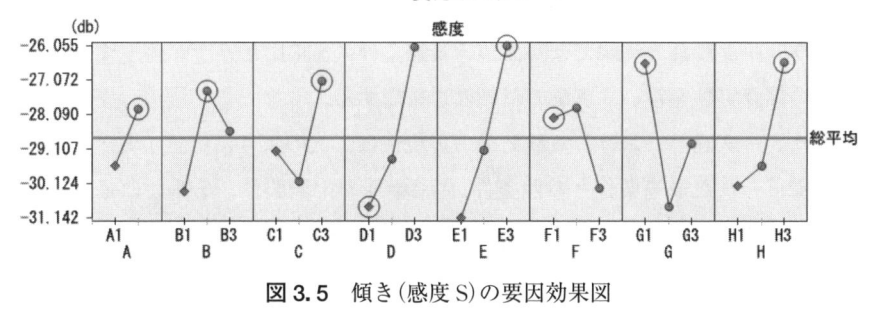

図3.5 傾き（感度 S）の要因効果図

【第1段階の最適化】ロバストネスの最大化

　ノイズの影響が最小となるように制御因子の値を設定する．

【第2段階の最適化】目標値へのチューニング

　ばらつきは変えずに傾きや平均値のみを変えるパラメータを使用し，目標値にチューニングする．

2段階設計の方法をとれば，目標値が変わった場合でも，チューニングをやり直すだけで対応できる．すなわち，ロバストネスを損なうことなく目標値を満たすことができ，設計の手直しがない．

2段階設計では，SN 比と感度に対して効果の大きな制御因子を使用して最適化を行う．タグチメソッドのパラメータ設計では，ふつう効果の大きい因子を目視で判断し，一般の実験計画法のように分散分析で有意な因子を抽出することはしない．その理由は，以下の2点である．

① 分散分析を知らない技術者でもパラメータ設計ができるようにする．

② 設計段階では仮に有意でないパラメータの値をどの値に設定しても，コストアップすることが少ない．

効果がある因子と判断するのに，田口玄一氏は「実験した制御因子のうち，半分の因子を効果があるとし，半分の因子を効果がないとする」というガイドを示している．StatWorks ではこれをオプションで指定できる．もちろん，分散分析による有意因子を使用してもよい．

3.8 確認実験による再現性の確認

パラメータ設計の実験では,ふつう最適条件のSN比と感度が再現するかどうかの確認実験を行い,実験の信頼性を確認する.

パラメータ設計における実験結果の再現性は,次のように確認する.まず,実験で得られた最適条件と参照条件(従来条件や中間条件,あるいは最悪条件など)について,SN比と感度を推定する.そして,実際にその設計のものをつくり,同じノイズ条件でSN比と感度を測定する.このとき,最適条件と参照条件とのSN比の差,あるいは感度の差が推定で得られたとおりであれば,実験結果に再現性があるとする.ここで差の再現性を考えるのは,対数の差は比の対数であるため,SN比の比すなわち改善率の再現性を考えるからである.

SN比および感度の推定は次のように行う.

SN比(db)の推定値

$\hat{\eta}$ = SN比の全平均値 + 効果がある因子をその水準にした効果

感度(db)の推定値

$\hat{S}$ = 感度の全平均値 + 効果がある因子をその水準にした効果

SN比の要因効果図が図3.4である場合,目視によれば,効果がある制御因子はB, D, E, F, G, Hであり,最適水準は$B_2, D_1, E_3, F_1, G_1, H_3$である.このとき,最適条件のSN比の推定値は以下のように求める.

$$\hat{\eta} = \overline{T}_\eta + (\overline{B}_2 - \overline{T}_\eta) + (\overline{D}_1 - \overline{T}_\eta) + (\overline{E}_3 - \overline{T}_\eta) + (\overline{F}_1 - \overline{T}_\eta)$$
$$+ (\overline{G}_1 - \overline{T}_\eta) + (\overline{H}_3 - \overline{T}_\eta)$$
$$= \overline{B}_2 + \overline{D}_1 + \overline{E}_3 + \overline{F}_1 + \overline{G}_1 + \overline{H}_3 - 5 \times \overline{T}_\eta$$

ここで,$\overline{T}_\eta$はSN比の全平均値,$\overline{B}_2$などはその水準のSN比の水準平均を示す.参照条件のSN比の推定値は,各制御因子の参照条件の水準平均を使用して推定する.

感度の推定もSN比の推定と同様に行う.すなわち,感度の要因効果図が図3.5である場合,目視によれば,効果がある制御因子はD, E, G, Hであり,この3因子はSN比を優先してD_1, E_3, G_1, H_3を選択している.このため,

最適条件の感度の推定は以下のように行う．

$$\hat{\beta} = \overline{T}_\beta + (\overline{D}_1 - \overline{T}_\beta) + (\overline{E}_3 - \overline{T}_\beta) + (\overline{G}_1 - \overline{T}_\beta) + (\overline{H}_3 - T_\beta)$$
$$= \overline{D}_1 + \overline{E}_3 + \overline{G}_1 + \overline{H}_3 - 3 \times \overline{T}_\beta$$

また，参照条件の感度の推定値は，各制御因子の参照条件の水準の水準平均を使用して推定する．

一方，確認実験は制御因子を最適条件または参照条件にし，直交表の実験と同じ評価条件(外側配置)でデータを測定してSN比と感度を計算する．

以上を表の形にまとめたのが表3.3である．

表3.3 SN比と感度の推定値と確認実験の結果

条件	SN比		感度	
	推定値	確認値	推定値	確認値
最適条件	2.23	1.66	−23.69	−24.03
初期条件	−4.30	−4.17	−32.40	−35.08
差(利得)	6.53	5.83	8.71	11.05

推定したとおりに再現したかどうかは，表の差(利得)が推定どおりであるかによって判断している．一般には，推定の利得と確認の利得の差が±3(db)以内であれば再現したと判断している．

3.9　動特性のパラメータ設計の事例

ランプによって上昇した温度を冷却するための図3.6のような「冷却システム」を考える．ファンモーターを回転させてランプを冷却するため，冷却システムの入力はファンモーターの回転数，出力はランプ位置の風速と考えた．ファンモーターの回転数はモーターの電圧に比例するため，実際には，モーター電圧を入力とした．また，誤差因子は排気ファンの正面に壁がある場合とない場合を考え，障害物のあり／なしとした．信号因子と誤差因子の組合せは表3.4のようになり，制御因子を割り付ける直交表の実験No.ごとに，この6条件のデータを採取する．

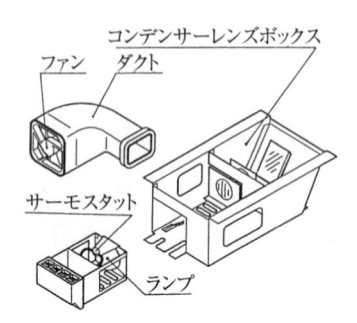

出典） 草野秀昭ほか(1996)：「技術手段の機能評価による温度上昇対策期間の短縮」,『第4回品質工学研究発表大会論文集』, p.101, 品質工学会.

図3.6 ランプの冷却システム

表3.4 冷却システムの機能性の評価条件

誤差因子	信号因子(モータ電圧)	V_1 5 V	V_2 15 V	V_3 25 V
N_1 排気口に障害なし				
N_2 排気口に障害あり				

表3.5 温度上昇改善のパラメータと水準(▽は現行水準)

	パラメータ	第1水準	第2水準	第3水準
A	遮へい板	なし▽	あり	—
B	外装と吸気部の距離	20 ▽	40	60
C	吸気部と熱源の距離	110 ▽	60	40
D	開口部の高さ	30 ▽	15	0
E	排気ダクトの高さ	30 ▽	15	0
F	熱源上部の穴径	大▽	中	なし
G	熱源下部の穴径	なし▽	中	大
H	熱源と排気ダクトの距離	60 ▽	50	40

出典） 草野秀昭ほか(1996)：「技術手段の機能評価による温度上昇対策期間の短縮」,『第4回品質工学研究発表大会論文集』, p.103, 品質工学会.

3.9 動特性のパラメータ設計の事例

制御因子はエアの流れをスムーズにするような因子を考え，表3.5のように因子と水準をとった．

直交表 L_{18} の指示に従った18種類の設計条件での熱源位置の風速を測定した．その測定結果を表3.6に示す．表3.6にはゼロ点比例式の SN 比 η と感度 S を求めた結果も示してある．StatWorks でデータを入力するには，以下の3種類の方法がある．

① StatWorks を立ち上げたときに表示される[シート 1]に手入力する．
② パラメータ設計で実験レイアウトを設定した後に表示されるデータ入力場面で手入力する．
③ 上記②のデータ入力場面で，あらかじめデータ入力しておいた表計算ソフトから転記する．

ここで，StatWorks では，先に述べたように，感度として傾き β をオプショ

表3.6 風速の実験データ，SN 比と感度の計算結果

No.	1 A	2 B	3 C	4 D	5 E	6 F	7 G	8 H	$V_1(5V)$		$V_2(15V)$		$V_3(25V)$		SN 比 η (db)	感度 S (db)
									N_1	N_2	N_1	N_2	N_1	N_2		
1	1	1	1	1	1	1	1	1	0.12	0.09	0.31	0.26	0.44	0.41	−4.17	−35.08
2	1	1	2	2	2	2	2	2	0.18	0.15	0.28	0.23	0.44	0.32	−12.77	−35.86
3	1	1	3	3	3	3	3	3	0.36	0.31	1.20	0.96	1.56	1.46	−5.99	−23.94
4	1	2	1	1	2	2	3	3	0.25	0.22	0.77	0.66	1.24	1.20	+1.76	−26.29
5	1	2	2	2	3	3	1	1	0.24	0.19	0.84	0.73	1.26	1.08	−4.81	−26.36
6	1	2	3	3	1	1	2	2	0.23	0.20	0.79	0.67	1.24	1.02	−5.35	−26.74
7	1	3	1	2	1	3	2	3	0.13	0.08	0.14	0.34	0.30	0.56	−15.93	−35.41
8	1	3	2	3	2	1	3	1	0.23	0.19	0.57	0.26	0.91	0.56	−14.45	−30.67
9	1	3	3	1	3	2	1	2	0.24	0.19	0.86	0.68	1.32	1.12	−5.35	−26.15
10	2	1	1	3	3	2	2	1	0.26	0.17	0.86	0.67	1.30	0.98	−8.82	−26.58
11	2	1	2	1	1	3	3	2	0.06	0.04	0.23	0.28	0.37	0.27	−11.40	−37.24
12	2	1	3	2	2	1	1	3	0.36	0.34	1.14	1.04	1.70	1.58	−1.08	−23.41
13	2	2	1	2	3	1	3	2	0.21	0.12	0.77	0.60	1.18	1.04	−5.57	−27.06
14	2	2	2	3	1	2	1	3	0.31	0.30	1.12	0.93	1.66	1.42	−4.92	−23.97
15	2	2	3	1	2	3	2	1	0.10	0.04	0.33	0.24	0.56	0.47	−8.00	−33.99
16	2	3	1	3	2	3	1	2	0.28	0.23	1.10	0.82	1.66	1.24	−9.13	−24.54
17	2	3	2	1	3	1	2	3	0.27	0.23	0.83	0.72	1.30	1.08	−4.89	−26.25
18	2	3	3	2	1	2	3	1	0.28	0.19	0.76	0.57	1.06	0.71	−11.99	−28.41

ン指定することもできる．また，表3.1のSN比，感度の計算式において，分子でV_eを引かない計算や，最近使用されることが多いエネルギー比型SN比（第7章で説明）をオプション指定することもできる．

表3.6のSN比と感度から，直交表の因子の水準平均を求めたものが表3.7である．また，表3.7を要因効果図としてグラフ化したものが図3.7と図3.8である．

表3.7 SN比と感度の水準平均

因子	SN比 η (db)			感度 S (db)		
	第1水準	第2水準	第3水準	第1水準	第2水準	第3水準
A	−7.45	−7.31	−	−29.61	−27.94	−
B	−7.37	−4.48	−10.29	−30.35	−27.40	−28.57
C	−6.98	−8.87	−6.29	−29.16	−30.06	−27.11
D	−5.34	−8.69	−8.11	−30.83	−29.42	−26.07
E	−8.96	−7.28	−5.91	−31.14	−29.13	−26.05
F	−5.92	−7.01	−9.21	−28.20	−27.88	−30.24
G	−4.91	−9.21	−7.94	−26.58	−30.80	−28.94
H	−8.71	−8.26	−5.18	−30.18	−29.60	−26.55

最適条件はSN比を優先させ，検定結果にはこだわらないで，各因子ともSN比を高くする水準を選定する．図3.7よりSN比を高くする水準は，$A_2B_2C_3D_1E_3F_1G_1H_3$である．ここで，2つの要因効果図から，最適水準がSN比と感度で相反する因子はDのみである．このDについては，感度（電圧対風速の傾き）の高くなるD_3にすると直線性が悪くなりノイズに対して弱くなるので，D_1を選択する．

この事例では，その後，最適条件と初期条件であるNo.1の2条件で，SN比と感度の再現性の確認実験を行った．この2条件のSN比と感度の推定値と確認値を表3.8に示す．SN比ηと感度βの推定値は，有意な因子を使用して，以下のように行う．ここで$\overline{T}$は全実験平均である．また，有意な因子とは目

3.9 動特性のパラメータ設計の事例

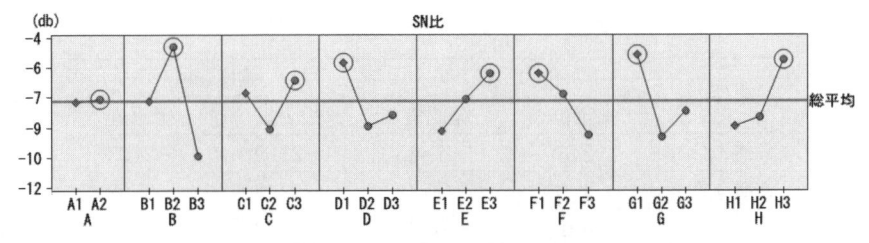

図 3.7 SN 比 η の要因効果図

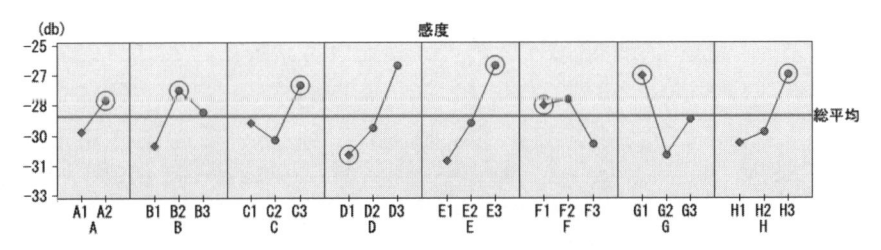

図 3.8 感度 S の要因効果図

で見て効果が大きい因子，あるいは実験した因子のなかで，効果が大きいほうから半分の数の因子をいう．

$$最適条件\ \hat{\eta} = \overline{B}_2 + \overline{D}_1 + \overline{G}_1 + \overline{H}_3 - 3 \times \overline{T}$$
$$= 2.23\,(\text{db})$$
$$最適条件\ \hat{S} = \overline{D}_1 + \overline{E}_3 + \overline{G}_1 + \overline{H}_3 - 3 \times \overline{T}$$
$$= -23.69\,(\text{db})$$

表 3.8 より SN 比の再現性は高いが，感度の再現性は多少悪いことがわかる．動特性のパラメータ設計では，一般に，SN 比の再現性は高く，感度の再現性はそれよりも多少低いことが多い．

表 3.8 確認実験での SN 比と感度

条件	SN 比(db)		感度(db)	
	推定値	確認値	推定値	確認値
最適条件	2.23	1.66	−23.69	−24.03
初期条件	−4.19	−4.17	−32.42	−35.08
差(利得)	6.42	5.83	8.73	11.05

出典)　草野秀昭ほか(1996):「技術手段の機能評価による温度上昇対策期間の短縮」,『第 4 回品質工学研究発表大会論文集』, p.104, 品質工学会. 引用にあたり一部を修正.

第4章　望目特性のパラメータ設計

4.1　望目特性とは

　出力に対する目標値が正の一定値であるものを**望目特性**と呼ぶ．乾電池の出力電圧や，室内蛍光灯の光量は望目特性と考えてよい．静特性は，入力と出力をもつ動特性の入力が，1点に固定されたものといえる．この概念を図4.1に示す．図でわかるように，動特性の入出力の傾きが大きくなれば，ある1点の入力に対する出力も大きくなり，これは平均が大きくなったと考えることができる．

　このため，実験回数が増える動特性の実験ではなく，実験回数が少ない望目特性の実験を行うほうが効率的と思う人もいるが，ノイズの影響による入出力の直線性の乱れも評価するために，動特性の実験を行うのが一般的である．望目特性の実験結果は，入力がある1点の値のときだけのロバストネスしか保証

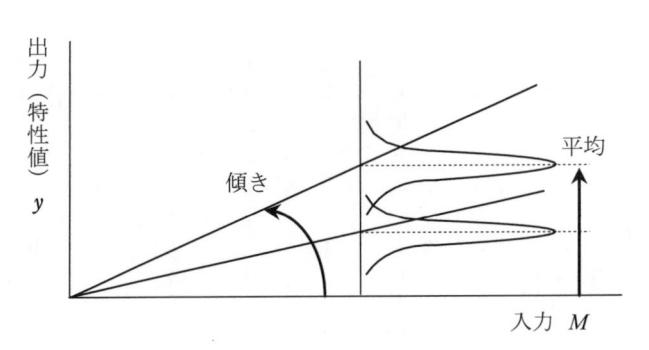

図 4.1　入出力の傾きと平均

しないため，汎用性に欠けることが多い．

4.2 望目特性の実験レイアウト

望目特性の実験レイアウトは，動特性において1点の入力でデータを採取するため，表4.1のように，制御因子を割り付けた直交表の各実験No.に対して，ノイズの条件だけを変える実験となる．表4.1は薄膜金属材料のエッチングの実験データである．制御因子としてアルミ配線工程の有無A，レジストベーク温度B，薬液Cの割合などの8因子を直交表L_{18}に割り付け，直交表の指示する18種類の各エッチング条件で，シート抵抗値，エッチング液温度，エッチング液の新旧を調合した調合誤差因子の水準N_1，N_2で各1個のデータを採取したものである．特性値はエッチング開始後5分のエッチング深さである．

表 4.1 静特性の実験配置とデータの例

列 No.	A 1	B 2	C 3	D 4	E 5	F 6	G 7	H 8	N_1	N_2
1	1	1	1	1	1	1	1	1	170.8	177.9
2	1	1	2	2	2	2	2	2	130.2	156.6
3	1	1	3	3	3	3	3	3	129.5	150.3
4	1	2	1	1	2	2	3	3	100.0	119.9
5	1	2	2	2	3	3	1	1	99.3	131.2
6	1	2	3	3	1	1	2	2	179.5	253.4
7	1	3	1	2	1	3	2	3	168.8	203.5
8	1	3	2	3	2	1	3	1	123.0	141.8
9	1	3	3	1	3	2	1	2	94.2	120.0
10	2	1	1	3	3	2	2	1	58.0	79.0
11	2	1	2	1	1	3	3	2	166.3	197.1
12	2	1	3	2	2	1	1	3	99.3	135.0
13	2	2	1	2	3	1	3	2	71.4	90.3
14	2	2	2	3	1	2	1	3	165.9	230.6
15	2	2	3	1	2	3	2	1	109.7	130.6
16	2	3	1	3	2	3	1	2	70.0	122.4
17	2	3	2	1	3	1	2	3	60.9	79.9
18	2	3	3	2	1	2	3	1	163.6	224.9

4.3 望目特性の SN 比

望目特性の SN 比は以下のように定義される．

$$望目特性の SN 比 \eta (デシベル値) = 10 \log \left(\frac{\mu}{\sigma} \right)^2 \tag{4.1}$$

田口玄一氏は式(4.1)の分母 μ^2 と分子 σ^2 を求めるのに，n 種のノイズ条件で得られた n 個のデータ(表 4.1 では 2 個)から次のように平方和の分解を行い，式(4.6)の μ^2 の不偏推定値，式(4.7)の σ^2 の不偏推定値を使用して，式(4.8)と式(4.9)のように望目特性の SN 比と感度を求める式を示している．

$$S_T = n \text{ 個のデータの 2 乗和} = y_1^2 + y_2^2 + \cdots + y_n^2 \tag{4.2}$$

$$S_m = \frac{(y_1 + y_2 + \cdots + y_n)^2}{n} \tag{4.3}$$

$$S_e = S_T - S_m \tag{4.4}$$

$$V_e = \frac{S_e}{n-1} \tag{4.5}$$

$$\hat{\mu}^2 = \frac{1}{n}(S_m - V_e) \tag{4.6}$$

$$\hat{\sigma}^2 = V_e \tag{4.7}$$

$$望目特性の SN 比 \eta (デシベル値) = 10 \log \frac{\frac{1}{n}(S_m - V_e)}{V_e} \tag{4.8}$$

$$望目特性の感度 S (デシベル値) = 10 \log \frac{1}{n}(S_m - V_e) \tag{4.9}$$

StatWorks ではオプション指定で，望目特性の SN 比における μ^2 を，μ^2 の不偏推定値である式(4.6)ではなく，n 個のデータの平均 $\bar{y}$ の 2 乗とすることもできる．また，感度も平均 $\bar{y}$ とすることもできる．また，エネルギー比型 SN 比と感度(第 7 章を参照)を使用することもできる．

StatWorks で，このようなオプションが用意されているのは，次の理由からである．

① 式(4.8)の SN 比の計算式の分母，分子はそれぞれ μ^2 と σ^2 の不偏推定値であるが，不偏推定値／不偏推定値は母 SN 比の不偏推定値ではな

② 式(4.6),式(4.8)の V_e は偶然誤差によるものを前提としているが,S_e を式(4.4)と式(4.5)から求めると,偶然誤差の効果だけでなく誤差因子の効果が含まれる.このため,誤差因子の効果を含む V_e が大きい場合には,しばしば対数の中身がマイナスとなり,計算が停止する.そのような場合,実験データのなかで SN 比が最小のものよりも $-3\,(\mathrm{db})$ した値を代入したりすることが多いが,この処理には疑問が多い.平均 $\bar{y}$ の 2 乗を使用すれば,対数の中身がマイナスになることはない.

③ 式(4.9)による感度の計算式や計算結果は,直感的に何を意味するものかがわかりにくい.平均 $\bar{y}$ なら直感的に理解できる.

4.4 望目特性の要因効果図と 2 段階設計

望目特性においても,制御因子の要因効果図は SN 比と感度(平均値)に対する 2 つの図が得られる.図 4.2 と図 4.3 は,表 4.1 のデータを StatWorks で解析したものである.

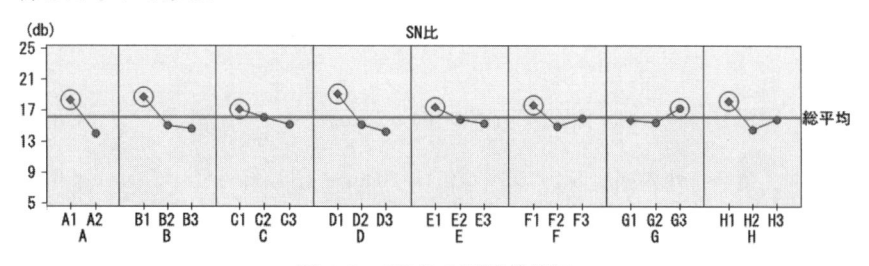

図 4.2 SN 比の要因効果図

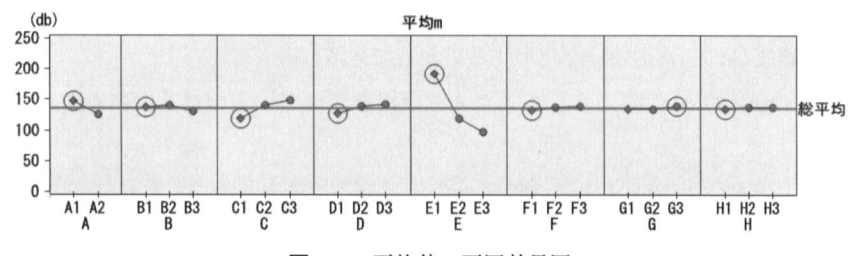

図 4.3 平均値の要因効果図

4.5 望目特性の最適化

望目特性の最適化も動特性の場合と同様に，2段階設計により行う．

【第1段階の最適化】SN比の最大化

図4.2から，各制御因子に対してSN比を大きくする水準を選択する．効果が大きいほうから4つの制御因子はD，B，A，Hであり，この4つの因子はSN比を大きくするうえで外せない．他の因子については，コストその他で問題がなければ，SN比を大きくする水準を最適水準とする．

【第2段階の最適化】出力(平均)の調整

図4.3から，出力(平均)を大きく変える制御因子はEである．幸い制御因子EはSN比を大きく変えないため，これを出力の調整に使用する．

第5章　非線形システムのパラメータ設計

　第3章の「動特性のパラメータ設計」では，入出力の関係が入力に対して直線的に変わることを理想としたが，理想（目標）とする線が非線形である場合も存在する．入出力が非線形関係であることを目標とする場合のパラメータ設計の方法を紹介する．

5.1　非線形システムとは

　スナップ・アクション・スイッチという機構部品がある．スイッチのレバーを押し込むと徐々に反発力が強くなり，スイッチが入ると急に反発力が弱くなり，さらに押し込むとまた反発力が強くなるように設計されている．これはユーザーにスイッチが入ったことを感じさせるための工夫で，コンピュータのスイッチなどで採用されている．ここで，スイッチのレバーの押込み量（距離）を

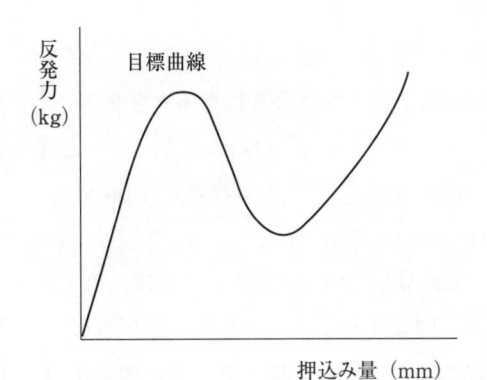

図5.1　スナップ・アクション・スイッチの理想的な入出力

入力とみなし，反発力を出力とみなせば，このエンジニアード・システムの入出力関係の目標線は，図 5.1 のように非線形な曲線である．

このようなシステムのパラメータ設計を行うときには，直線関係を理想とする動特性の SN 比を適用すると問題が生じる．ゼロ点比例式の SN 比や 1 次式の SN 比は，直線からのずれもノイズの影響の一種とみなし，ずれないような条件を最適（SN 比が高い）とするからである．ところがここでは，直線からずれる（すなわち非線形な目標線に近い）ことが理想である．

5.2 非線形システムの 2 段階設計と SN 比

上で見たような非線形な出力を理想とするシステムのパラメータ設計においては，次の 2 点が課題となる．

① 2 段階設計の第 1 段階で行うロバスト設計において，どんな SN 比を使用すればよいのか．

② 2 段階設計の第 2 段階で行う目標線へのチューニングは，どのように行えばよいのか．

タグチメソッドでは①の課題に対して，ここで紹介する非線形の**標準 SN 比**を提供している．②のチューニングの方法は直交多項式による方法などを提供している．

いま，使用温度の変化や劣化，摩耗などのノイズを調合し，出力が小さくなるような条件の組合せを N_1，出力が大きくなるような組合せを N_2 とする．また，これらのノイズが標準的な条件にあるときを N_0 とする．ここで，システムのロバストネスを改善すると思われるパラメータを複数取り上げて直交表 L_{18} に割り付けて実験したところ，ある設計条件（直交表の No.）で図 5.2 のような結果が得られたものとする．

タグチメソッドで推奨している 2 段階設計では，第 1 段階では目標線に近づけることは狙わず，図 5.3 のように，まずノイズの影響が最小となるようにパラメータ値を決める．そして，第 2 段階で，図 5.4 のように，ノイズの影響には無関係なパラメータを利用して，目標線にチューニングする．

5.2 非線形システムの2段階設計とSN比

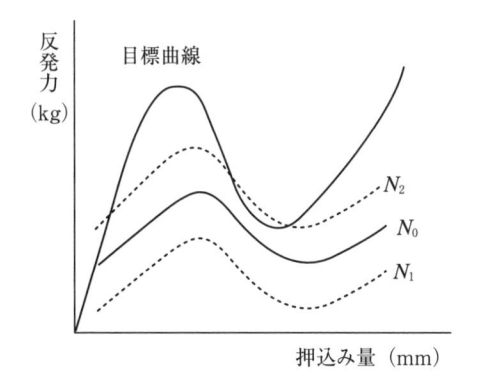

図5.2 ある設計条件の入出力特性

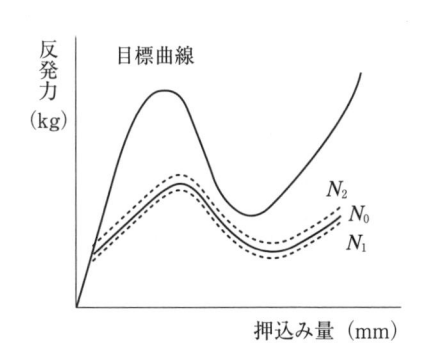

図5.3 第1段階の最適化
（ロバストネスの最大化）

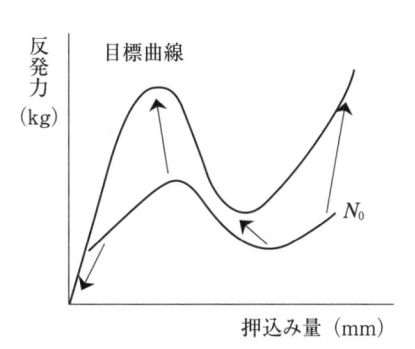

図5.4 第2段階の最適化
（チューニング）

非線形システムの標準SN比とは，**図5.2**の状態がSN比が低く，**図5.3**の状態がSN比が高いことを表すためにつくられた指標(尺度)である．いま，**図5.5**の左図のようにスナップ・アクション・スイッチの入力である押込み量 $M_1, M_2, \cdots, M_k$ に対して，出力である反発力が標準的なノイズ条件である N_0 の場合に $y_{01}, y_{02}, \cdots, y_{0k}$，調合ノイズ条件 N_1 の場合に $y_{11}, y_{12}, \cdots, y_{1k}$，$N_2$ の場合に $y_{21}, y_{22}, \cdots, y_{2k}$ と得られたものとする．これを整理すると**表5.1**のようになる．

ここで，**図5.5**の右図のように，標準的なノイズ条件 N_0 の出力

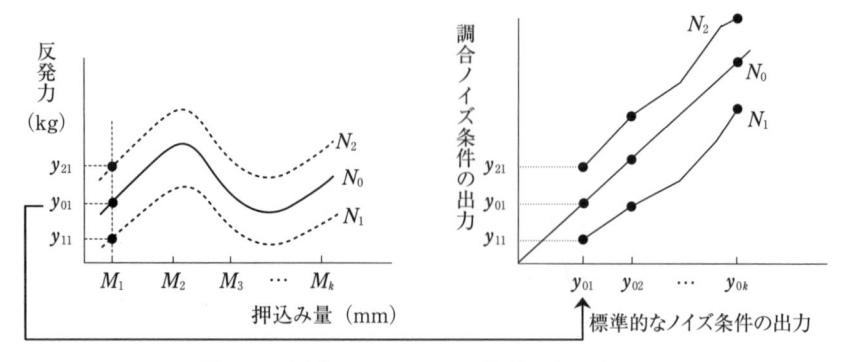

図 5.5 標準 SN 比における横軸のとり直し

表 5.1 押込み量と反発力のデータ

M(押込み量)	M_1	⋯	M_i	⋯	M_k	線形式
N_0(標準ノイズ条件)	y_{01}	⋯	y_{0i}		y_{0k}	−
N_1(負側ノイズ条件)	y_{11}	⋯	y_{1i}		y_{1k}	L_1
N_2(正側ノイズ条件)	y_{21}	⋯	y_{2i}		y_{2k}	L_2

y_{0i} ($i=1 \sim k$) を横軸にとり直し,調合ノイズ条件の出力を縦軸にとれば,N_1 と N_2 のデータは傾き 45°の直線を理想とし,横軸である y_{0i} との間で SN 比を定義することができる.

非線形システムの標準 SN 比は,**表 5.1** の標準的なノイズ条件 N_0 の出力 y_0,負側ノイズ条件 N_1 の出力 y_{1i},正側ノイズ条件 N_2 の出力 y_{2i} を使用して,以下のように算出する(田口(2001)).

$$S_T = \sum y_{ij}^2 = y_{11}^2 + \cdots + y_{1k}^2 + y_{21}^2 + \cdots + y_{2k}^2 \quad (\phi = 2k) \tag{5.1}$$

$$r = n \times \left(y_{01}^2 + y_{02}^2 + \cdots + y_{0k}^2\right) \tag{5.2}$$

$$\cdots n = 2 \text{ は } N \text{ の水準数 } 2(N_1 \text{ と } N_2)$$

$$L_1 = y_{11}y_{01} + y_{12}y_{02} + \cdots + y_{1k}y_{0k} \tag{5.3}$$

$$L_2 = y_{21}y_{01} + y_{22}y_{02} + \cdots + y_{2k}y_{0k} \tag{5.4}$$

$$S_\beta = \frac{1}{r}(L_1+L_2)^2 \qquad (\phi=1) \tag{5.5}$$

$$S_{\beta\times N} = \frac{L_1^2+L_2^2}{(r/n)} - S_\beta$$

$$= \frac{1}{r}(L_1-L_2)^2 \qquad (n=2,\ \phi=n-1=1) \tag{5.6}$$

$$S_e = S_T - S_\beta - S_{\beta\times N} \qquad (\phi=2k-2) \tag{5.7}$$

$$V_e = \frac{S_e}{2k-2} \tag{5.8}$$

$$S_{N'} = S_e + S_{\beta\times N} \quad (=S_T - S_\beta) \qquad (\phi=2k-1) \tag{5.9}$$

$$V_{N'} = \frac{S_{N'}}{2k-1} \tag{5.10}$$

$$\hat{\eta} = 10\log\frac{\hat{\beta}^2}{\hat{\sigma}^2} = 10\log\frac{\frac{1}{r}(S_\beta-V_e)}{\left(\frac{V_{N'}}{r}\right)} = 10\log\frac{S_\beta-V_e}{V_{N'}} \tag{5.11}$$

$$\hat{S} = 10\log\hat{\beta}^2 = 10\log\frac{1}{r}(S_\beta-V_e) \tag{5.12}$$

このような計算を設計条件(直交表の No.)ごとに行い,各 No.で得られた SN 比から,直交表に割り付けた設計パラメータの水準平均を求めて,SN 比を最大にする条件を探す.

ここで,No.ごとに有効除数を計算するのは,SN 比の計算の横軸となる y_{0i} が No.ごとに異なる値となるためである.また,感度 S は,SN 比の計算の横軸を y_{0i} としているため,どの No.でもほぼ 1(デシベル値ではゼロ)になる.

ここでの SN 比は,標準的なノイズ条件 N_0 の出力曲線に対して,N_1 と N_2 でどれだけ変化するか(すなわちノイズの影響)を示すものであり,目標曲線にどれだけ近いかを示すものではない.目標曲線へのチューニングは次節の方法で行う.

なお,もともとの入力である押込み量 M の水準数は,非線形を目標とするために,6 水準程度以上が必要となる.

5.3 非線形な目標線にチューニングする方法

いま,標準的なノイズ条件に対して,押込み量 M_i のときの目標値 m_i が表

5.2のように与えられているものとする．表5.2には，最適条件での標準的なノイズ条件での実際の出力値 y_{0i} も記入してある．

表5.2 目標値と実測値のデータ

M（押込み量）	M_1	$\cdots$	M_i	$\cdots$	M_k
目標値 m_i（標準ノイズ条件）	m_1	$\cdots$	m_i	$\cdots$	m_k
実測値 y_{0i}（標準ノイズ条件）	y_{01}	$\cdots$	y_{0i}	$\cdots$	y_{0k}

ここで，目標値 m_i を横軸にとり，実測値 y_{0i} を縦軸にとってグラフをつくれば，図5.6のようになる．図5.6において，理想的には実測値 y_{0i} = 目標値 m_i であるが，グラフは実測値が目標値に対してどのような傾向をもってずれているかを示している．

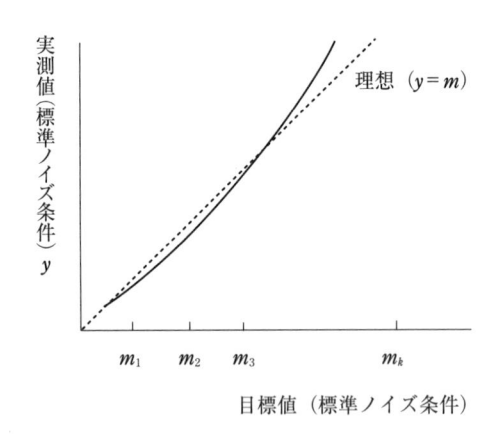

図5.6 目標値 m_i と実測値 y_{0i} のずれ

非線形システムの出力曲線を目標曲線にチューニングする方法は，図5.6の目標値 m_i と実測値 y_{0i} の関係を利用して行う．方法としては，次の3つが考えられる．

① 残差2乗和を最小化する簡略的な方法
② 最小2乗法による方法

③ 直交多項式を利用する方法

StatWorks では，③の「直交多項式を利用する方法」を採用しているため，その方法を以下に詳しく示す．①と②の方法は簡便法であり，本書では示さないので，部の終わりに入れた参考文献の立林(2004)を参照されたい．また，直交多項式に関しての詳細は，田口(2001)を参照されたい．

目標とする非線形な曲線に対して精密にチューニングするためには，どの設計パラメータが曲線をどのように変えるかの詳細な情報が必要である．実験計画法では，**直交展開**と呼ばれる多項式展開を利用して，どのパラメータが出力特性 y に対して 1 次的な影響を与え，どのパラメータが 2 次的な影響を与え，どのパラメータが 3 次的な影響を与えるか…，を取り出す方法をもっている．それが直交多項式である．

いま，実測値 y_0 を目標値 m の関数と考えて，次のようなゼロ次の項をもたない直交多項式で表すことを考える．1 次項で始まる式を考えるのは，技術者は出力目標がゼロのときのずれを調整する手段をもっていることが多いためである．また，4 次以上の項を省略するのは，もともとの目標線が非線形であり，非線形にするための何らかの手段を講じているため，目標線とのずれが 4 次の項以上を含むことは考えにくいからである．

$$y = \beta_1 m + \beta_2 \left(m^2 - \frac{K_3}{K_2} m \right) + \beta_3 \left(m^3 + \frac{K_3 K_4 - K_2 K_5}{K_2 K_4 - K_3^2} m^2 \right.$$
$$\left. - \left(\frac{K_4}{K_2} + \frac{K_3 (K_3 K_4 - K_2 K_5)}{K_2 (K_2 K_4 - K_3^2)} \right) m \right) \tag{5.13}$$

ここで，K_j は，表 **5.2** で与えられた k 個の目標値 $m_1 \sim m_k$ により，次のように求められる．

$$K_j = \frac{1}{k} \left(m_1^j + m_2^j + \cdots + m_k^j \right) \tag{5.14}$$

式(5.13)の β_1 は，実測値が目標線に対してどれだけ傾いているかを示す係数である．β_2 は目標線に対してどれだけ 2 次的に，β_3 は目標線に対してどれだけ 3 次的にずれているかを示す係数である．これらの係数が直交表の No. ごとに計算できれば，割り付けたパラメータの水準平均をとることにより，ど

のパラメータがこれらを変化させるかがわかるので，目標線へのチューニングができる．

そこで，実験 No. ごとの β_1 を以下のように求める．

$$\hat{\beta}_1 = \frac{\sum_{i=1}^{k} m_i y_{0i}}{\sum_{i=1}^{k} m_i^2} \tag{5.15}$$

次に β_2 を求める手順を示す．β_2 にかかる係数 K_2 と K_3 は式(5.14)より，

$$K_2 = \frac{1}{k}(m_1^2 + m_2^2 + \cdots + m_k^2) \tag{5.16}$$

$$K_3 = \frac{1}{k}(m_1^3 + m_2^3 + \cdots + m_k^3) \tag{5.17}$$

と求める．2次項の係数 w_i (式(5.13)の β_2 にかかる係数)を次式により求める．

$$w_i = m_i^2 - (K_3/K_2)m_i \quad (i = 1 \sim k) \tag{5.18}$$

次に2次項の線形式 L_2 と有効除数 r_2 をそれぞれ次式で求める．

$$L_2 = \sum_{i=1}^{k} w_i y_{0i} \tag{5.19}$$

$$r_2 = \sum_{i=1}^{k} w_i^2 \tag{5.20}$$

2次項の係数 $\hat{\beta}_2$ は次のように求める．

$$\hat{\beta}_2 = L_2/r_2$$

3次項の係数 $\hat{\beta}_3$ の計算方法の説明は省略するが，式(5.13)の β_3 にかかる係数から，2次項の係数 β_2 の計算とほとんど同様に行う．このような計算で $\hat{\beta}_1 \sim \hat{\beta}_3$ を実験 No. ごとに求め，直交表に割り付けたパラメータのどれが $\hat{\beta}_1 \sim \hat{\beta}_3$ を変えるかをそれぞれの水準平均から探す．チューニングはSN比最大の条件で行い，SN比を大きく変えないパラメータを調整因子として使用する．StatWorks ではチューニング・タグでこれらが簡単に実行できる．

第6章
入出力が測れない場合のパラメータ設計

6.1 望小特性と望大特性

(1) 望小特性

　負の値はとらず，小さければ小さいほど良い（ゼロが理想）という特性を**望小特性**と呼ぶ．この望小特性は，傷の大きさや数，摩耗，振動，騒音，有害成分，真円度などであり，すべてが品質不良のデータである．システムの機能を表す出力にゼロが理想というものはないからである．

　品質不良は，システムの機能（入力と出力の関係）がうまく働いていないときに表面に現れた「症状」である．パラメータ設計では，不具合の症状を特性値としてとるのではなく（「品質を良くしたければ，品質は測るな」という），システムの機能を表す出力を特性値にとることを推奨しているが，都合によって不具合の症状を測るしかない場合もある．その場合，この**望小特性のSN比**を使用する．

　制御因子を割り付けた直交表のNo.ごとに，ノイズを組み合わせた調合誤差因子の水準を振って評価する．調合誤差因子の水準がn水準で，各1個ずつの品質不良データを測定し，$y_1, y_2, \cdots, y_n$が得られたとき，次の望小特性のSN比を計算する．

$$\hat{\eta} = -10 \log \frac{1}{n}\left(y_1^2 + y_2^2 + \cdots + y_n^2\right) \tag{6.1}$$

　望小特性のSN比は，n個の「データの2乗」を平均している．$y_1, y_2, \cdots, y_n$の平均値をμ，標準偏差をσとし，y^2の期待値を$E(y^2)$とすると，

$E(y^2)=\mu^2+\sigma^2$ である.このため,SN 比を大きくすれば,μ も σ も小さくなる.このため,望小特性の要因効果図は,n 個のデータの平均値の要因効果図と同じもの(上下が逆転)となる.

(2) 望大特性

一方,接着強度などの強度に関する特性は大きいほうが良いという意味で**望大特性**と呼んでいる.望大特性に関する SN 比は,一般には望目特性の SN 比を使用するが,計算を簡単にするために,次の望大特性の SN 比で代用することもある.

$$\hat{\eta}=-10\log\frac{1}{n}\left(\frac{1}{y_1^2}+\frac{1}{y_2^2}+\cdots+\frac{1}{y_n^2}\right) \tag{6.2}$$

式(6.2)の**望大特性の SN 比**は,n 個の「データの逆数の 2 乗」を平均している.$y_1, y_2, \cdots, y_n$ の平均値を μ,標準偏差を σ とし,$(1/y^2)$ の期待値を $E(1/y^2)$ とすると,$E(1/y^2)=1/\mu^2+3\sigma^2/\mu^4$ である.このため,望大特性の SN 比は,平均 μ の変化の影響を強く受ける傾向がある.このため,望大特性の要因効果図は,n 個のデータの平均値の要因効果図と同じものとなることが多い.

6.2 機能窓法

ある制御因子(エネルギーや力に関する因子であることが多い)の値を小さいところから大きいところまで変えていくと,はじめはある不具合が発生し,次に正常状態となり,さらにははじめの不具合とは背反する不具合が発生するということがある.例えば,**図 6.1** の用紙送り装置において,送りローラーに加える荷重 N_f がゼロであれば,用紙は送られない.荷重を少しずつ上げていくと,正常に送り始める閾値 y がある.さらに荷重を上げていくと,2 枚以上を同時に送る重送が始まる閾値 y' がある.この閾値 y と閾値 y' との間の正常に送行する範囲を機能窓(Operating Window)と呼ぶ(**図 6.2**).

6.3 動的機能窓法(化学反応など)

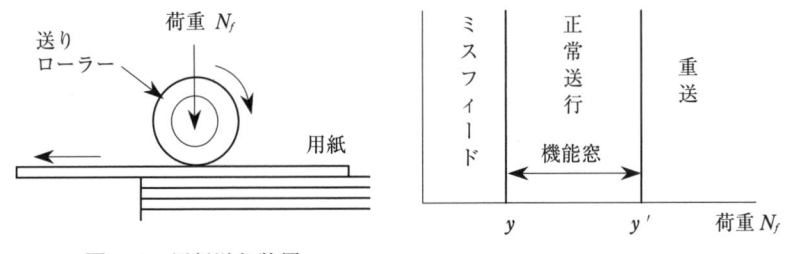

図 6.1 用紙送り装置

図 6.2 荷重 N_f と 2 種類の不良

このような場合，調合誤差因子 N を次のようにとる．

N_0：標準条件

N_1：ミスフィードを起こしやすい条件

N_2：重送を起こしやすい条件

制御因子を割り付けた直交表の各 No. に対して，上記の条件で 2 つの閾値 y と y' を各々測定し，**表 6.1** を得る．

表 6.1 ミスフィードと重送の閾値

	ミスフィード	重送
N_0	y_0	y_0'
N_1	y_1	y_1'
N_2	y_2	y_2'

解析は，ミスフィードの閾値 y を望小特性，重送の閾値 y' を望大特性とみなして，望小特性の SN 比 η_m と望大特性の SN 比 η_M を合計した SN 比 η を求める．

$$\hat{\eta} = \hat{\eta}_m + \hat{\eta}_M$$
$$= -10\log\frac{1}{3}\left(y_0^2 + y_1^2 + y_2^2\right) - 10\log\frac{1}{3}\left(\frac{1}{y_0'^2} + \frac{1}{y_1'^2} + \frac{1}{y_2'^2}\right) \quad (6.3)$$

6.3 動的機能窓法(化学反応など)

化学反応では，材料 A と材料 B の分子が結合して，目的とする生成物 C が

生成する．1個ずつの分子の状態を測定できればよいが，それは実際には不可能で，率(平均)でしか測れない．タグチメソッドでは，1990年代末から**動的機能窓法**と呼ばれる方法を考案し，化学反応そのものを基本機能と考えて最適化してきた．

(1) 化学反応と理想機能

材料Aと材料Bを反応させて材料Cを生成させる場合，AとBの分子を結合させることが目的であるが，反応の進行に応じてAの分子は減少していく．このときの理想状態(理想機能)は，次のように考えることができる．

(a) 副生成物を考えない場合

$$A + B \rightarrow C \tag{6.4}$$

において，主原料Aの初期量をy_0，t時間後の残存量をyとすると，Bが十分に存在する反応条件下でのAの残存率p_Aは，

$$p_A = y/y_0 \tag{6.5}$$

である．一方，Aの減少率は，

$$1 - (y/y_0) = 1 - p_A \tag{6.6}$$

である．

いま，Aの時間当たりの減少率をBとの反応速度と考え，これがAの濃度(残存率)に比例する(反応速度定数β)のが理想であると考えてみると，

$$d(1-p_A)/dt = \beta p_A \tag{6.7}$$

これをpについて解くと，

$$p_A = e^{-\beta t} \tag{6.8}$$

が得られる．両辺の自然対数をとれば，

$$-\ln p_A = \beta t \tag{6.9}$$

となるので，左辺を新変数Yとおくと，

$$Y = \beta t \tag{6.10}$$

$$Y = -\ln p_A = \ln(1/p_A) \tag{6.11}$$

となり，動特性のゼロ点比例式として表現することができる．そこで，時間 t をあたかもこの化学反応の入力(信号因子)と考えて，時間 $t_1, t_2, \cdots, t_k$ ごとに，主原料 A の残存率 $p_{A1}, p_{A2}, \cdots, p_{Ak}$ を測定して表 6.2 を得たものとする．

表 6.2　主原料 A の残存率のデータ

時　間	t_1	t_2	$\cdots$	t_k
主原料 A の残存率	p_{A1}	p_{A2}	$\cdots$	p_{Ak}
$Y=\ln(1/p_A)$	Y_1	Y_2	$\cdots$	Y_k

上で述べたように，反応速度 β が A の濃度(残存率)に比例するのが理想であることは，式(6.10)，式(6.11)が成り立つことが理想であることに等しいが，これを図示すれば図 6.3 となる．

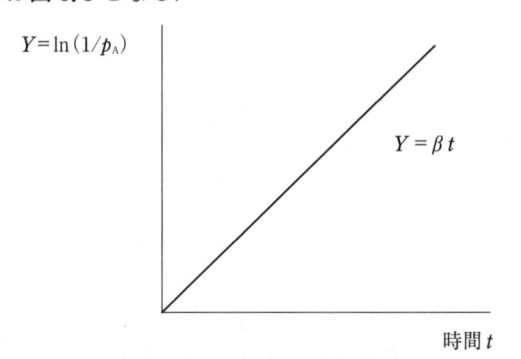

図 6.3　化学反応の理想機能

(b)　副生成物を考える場合

A と B を反応させて C を生成させるとき，副生成物 D が生成する場合には，目的とする生成物 C の反応速度を大きくし，副生成物 D の反応速度を小さくするという考え方をする．いま，

$$A+B \to C$$
$$A+B+C \to D$$

という反応において，時間 t_i における A の残存率を p_{Ai} として，表 6.3 のようなデータを採取する．

表 6.3　動的機能窓のデータ

時間	t_1	t_2	$\cdots$	t_k
主原料 A の残存率 p_{Ai}	p_{A1}	p_{A2}	$\cdots$	p_{Ak}
目的物生成率 p_{Ci}	p_{C1}	p_{C2}	$\cdots$	p_{Ck}
副生成物生成率 p_{Di}	p_{D1}	p_{D2}	$\cdots$	p_{Dk}

表 6.3 を図示したものが図 6.4 であり，未反応 p_A と副生成物 p_D に挟まれた領域が目的生成物 p_C が得られる窓である．ここでの狙いは，未反応 p_A と副生成物 p_D を小さくし，目的生成物 p_C が得られる窓を拡大することである．これは 6.3 節で学んだ機能窓の概念を時間 t に対して拡張した考え方である．タグチメソッドではこの概念を**動的機能窓**と呼んでいる．

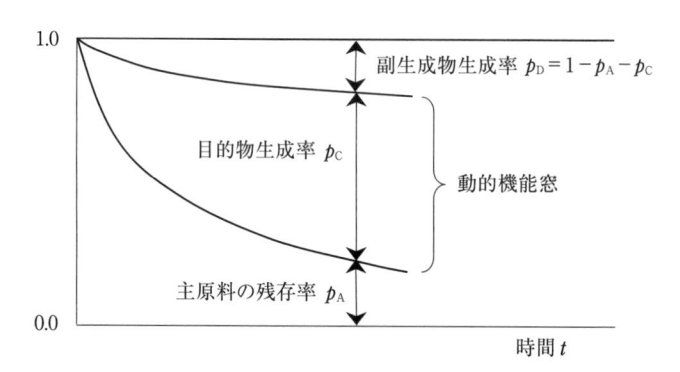

図 6.4　動的機能窓の概念

(2)　化学反応における実験方法

化学反応における最適化の実験も，前章までに説明した他の分野の実験方法とあまり変わらない．例えば，制御因子(最適化すべきパラメータ)として副原料の過剰率，反応温度，触媒量，溶媒濃度，主原料の供給時間などを取り上げ

て，直交表に割り付ける．入力は前項で見たとおり，反応開始からの時間とすることが多い．誤差因子は，反応タンク内の位置による温度のばらつきや材料の攪拌速度のばらつきなどが考えられるが，未反応物の残存率や目的物の生成率などにこれらが平均的に入っているため，誤差因子として特に取り上げないことが多い．

(3) SN 比の計算方法
(a) 副生成物を考えない場合

直交表で指示された反応条件ごとに表 **6.2** のようなデータを得たものとする．このとき，入力は k 水準の時間 t_i であり，出力は主原料の残存率 p_{Ai} を $\ln(1/p_{Ai})$ で変換した Y_i である．t_i と Y_i の理想関係はゼロ点比例式である．ゼロ点比例式の SN 比の計算方法自体は他の分野の実験データの場合と変わらないので，ここでは簡単に示すにとどめる．

$$S_T = \sum Y_i^2 = Y_1^2 + Y_2^2 + \cdots + Y_k^2 \quad (\phi = k) \tag{6.12}$$

$$r = t_1^2 + t_2^2 + \cdots + t_k^2 \tag{6.13}$$

$$L = Y_1 t_1 + Y_2 t_2 + \cdots + Y_k t_k \tag{6.14}$$

$$S_\beta = L^2/r \quad (\phi = 1) \tag{6.15}$$

$$S_e = S_T - S_\beta \quad (\phi = k-1) \tag{6.16}$$

$$V_e = S_e/(k-1) \tag{6.17}$$

SN 比 η

$$\hat{\eta} = 10 \log \frac{\hat{\beta}^2}{\hat{\sigma}^2} = 10 \log \frac{\frac{1}{r}(S_\beta - V_e)}{V_e} \tag{6.18}$$

感度 S

$$\hat{S} = 10 \log \hat{\beta}^2 = 10 \log \frac{1}{r}(S_\beta - V_e) \tag{6.19}$$

(b) 副生成物を考える場合

動的機能窓法の SN 比については考え方が 2 つあり，それぞれ**反応速度差法**，**反応速度比法**と呼ばれている．速度比法の SN 比は，速度差法の簡便法と考え

てよい.

(ア) 反応速度差法

速度差法では，反応全体の速度も考慮して，次のような反応速度 β_1 と β_2 を考える．

全体の反応 M_1　　反応速度 $\beta_1 : Y_1 = \beta_1 \times t$

ただし，$Y_1 = \ln(1/p_A)$　　　　　　　　　　　　(6.20)

副生成物 M_2　　反応速度 $\beta_2 : Y_2 = \beta_2 \times t$

ただし，$Y_2 = \ln\{1/(p_A + p_C)\}$　　　　　　　(6.21)

これを図示したものが**図6.5**である．全体の反応 M_1，副生成物 M_2 ともゼロ点比例式となるが，この2本の直線で囲まれた機能窓を大きくしながら反応速度を上げるためには，β_1 を大きくし，β_2 を小さくすればよい．

そこで，**表6.3**のデータから，式(6.20)および式(6.21)により Y_1 と Y_2 を求め，**表6.4**をまとめる．

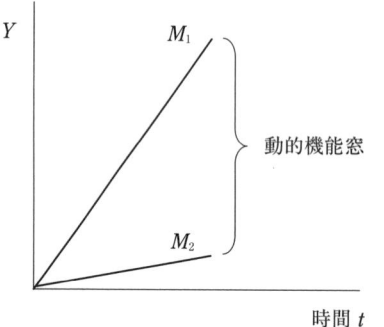

表6.4 動的機能窓のデータ

時間	t_1	t_2	⋯	t_k
主原料Aの残存率 p_{Ai}	p_{A1}	p_{A2}	⋯	p_{Ak}
目的物生成率 p_{Ci}	p_{C1}	p_{C2}	⋯	p_{Ck}
副生成物生成率 p_{Di}	p_{D1}	p_{D2}	⋯	p_{Dk}
$Y_1 = \ln(1/p_A)$	Y_{11}	Y_{12}	⋯	Y_{1k}
$Y_2 = \ln\{1/(p_A + p_C)\}$	Y_{21}	Y_{22}	⋯	Y_{2k}

図6.5 反応速度の動的機能窓

速度差の SN 比 η，速度差の感度 S，反応全体の感度 S^* は次のように求める．

$$S_T = \sum Y_{ij}^2 = Y_{11}^2 + Y_{12}^2 + \cdots + Y_{2k}^2 \quad (\phi = 2k) \quad (6.22)$$

$$r = t_1^2 + t_2^2 + \cdots + t_k^2 \quad (6.23)$$

$$L_1 = Y_{11}t_1 + Y_{12}t_2 + \cdots + Y_{1k}t_k \tag{6.24}$$

$$L_2 = Y_{21}t_1 + Y_{21}t_2 + \cdots + Y_{2k}t_k \tag{6.25}$$

$$S_\beta = (L_1 + L_2)^2/2r \quad (\phi = 1) \tag{6.26}$$

$$S_{\beta \times M} = (L_1 - L_2)^2/2r \quad (\phi = 1) \tag{6.27}$$

$$S_e = S_T - S_\beta - S_{\beta \times M} \quad (\phi = 2k - 2) \tag{6.28}$$

$$V_e = S_e/(2k - 2) \tag{6.29}$$

速度差のSN比 η

$$\hat{\eta} = 10\log\frac{\dfrac{1}{2r}(S_{\beta \times M} - V_e)}{V_e} \tag{6.30}$$

速度差の感度 S

$$\hat{S} = 10\log\frac{1}{2r}(S_{\beta \times M} - V_e) \tag{6.31}$$

反応全体の感度 S^*

$$\hat{S}^* = 10\log\frac{1}{2r}(S_\beta - V_e) \tag{6.32}$$

(イ) 反応速度比法

　速度差法が主反応と副反応の差が大きいことを理想とするのに対し，副生成物の生成をノイズと考えて，直交表の条件ごとに次のSN比を求める方法もある．ここで，β_1は目的物の生成速度，β_2は副生成物の生成速度である．

$$\text{SN比}\ \eta = 10\log\left(\beta_1^2/\beta_2^2\right) \tag{6.33}$$

この式(6.33)のSN比は，次のように変形することができる．

$$\text{SN比}\ \eta = 10\log\beta_1^2 - 10\log\beta_2^2 \tag{6.34}$$

すなわち，β_1を望大特性とみなした望大特性のSN比

$$\text{SN比}\ \eta_1 = 10\log\beta_1^2 \tag{6.35}$$

と，β_2を望小特性とみなした望小特性のSN比

$$\text{SN比}\ \eta_2 = -10\log\beta_2^2 \tag{6.36}$$

を合成した

$$\text{SN比}\ \eta = \eta_1 + \eta_2 \tag{6.37}$$

を最大にするパラメータ値を探求することに相当している．

6.4 デジタルのSN比（2種類の誤りがある場合）

自動検査や自動診断においては，検査機器や診断機器に正常品または異常品が入力されて，正常または異常という判定が出力される．すなわち，こうしたシステムでは，表6.5のような入出力の二方分割表が得られる．ここで，pは正常を異常と判定する誤判定率であり，誤判定回数を入力した正常品の数n_1で割ったものである．また，qは異常を正常と判定する見逃し率であり，見逃がし回数を入力した異常品の数n_2で割ったものである．統計学では，前者を**第1種の誤り**，後者を**第2種の誤り**と呼んでいる．

表6.5　2種類の誤りがあるシステムのデータ

		出力		試行数
		正常	異常	
入力	正常品	$1-p$	p	n_1
	異常品	q	$1-q$	n_2

統計学では，このように2種類の誤りがあるシステムの判定の良さを**オッズ比**と呼ばれる以下の式で評価している（宮川（2000））．

$$\gamma = \frac{(1-p)\times(1-q)}{p\times q} = \left(\frac{1}{p}-1\right)\times\left(\frac{1}{q}-1\right) \tag{6.38}$$

式(6.38)で表されるオッズ比γは2種類の誤りがあるシステムのSN比と考えられるが，γは$0\sim\infty$で大きく変わることから以下のように$10\log$をとることが多い．

$$\eta = 10\log\gamma \tag{6.39}$$

田口ほか（2007）では式(6.39)のSN比でも要因効果の加法性が悪いこと，また多くのシステムでは閾値を用いて判定を行うことから，pとqを同じ値にレベリングしたときの標準誤り率p_0を用いた式(6.43)のデジタルのSN比を

6.4 デジタルの SN 比(2 種類の誤りがある場合)

使用するよう推奨している．StatWorks では，このデジタルの SN 比 η_0 を使用している．すなわち，

$$\left(\frac{1}{p_0}-1\right)\times\left(\frac{1}{p_0}-1\right)=\left(\frac{1}{p}-1\right)\times\left(\frac{1}{q}-1\right) \tag{6.40}$$

から

$$p_0=\frac{1}{1+\sqrt{\left(\frac{1}{p}-1\right)\times\left(\frac{1}{q}-1\right)}} \tag{6.41}$$

ここから寄与率 ρ_0 を以下のように求めて，SN 比 η_0 を式(6.43)のように求める．

$$\rho_0=(1-2p_0)^2 \tag{6.42}$$

$$\eta_0=-10\log\left(\frac{1}{\rho_0}-1\right) \tag{6.43}$$

第7章　エネルギー比型 SN 比

7.1　田口の動特性の SN 比がもつ問題点

動特性の SN 比の計算式は，一般には，次式で表される田口の動特性の SN 比が使用されている．

$$\text{動特性の SN 比}\, \eta\, (\text{デシベル}) = 10 \log \frac{\beta^2}{\sigma^2} \tag{7.1}$$

このとき，ゼロ点比例式や 1 次式の場合，SN 比の値は第 3 章の表 3.1 の計算式で求める．この表 3.1 の田口の動特性の SN 比の計算法には，以下のような問題点があると以前から指摘されてきた．

① 　実験 No. ごとに信号因子の水準数や水準値が変わる場合，その影響を受ける．

田口玄一氏がこの式を考案した頃は，信号因子(入力)の値は人為的に設定するものであり，その水準値 M_1, M_2, …, M_k は制御因子を割り付けた直交表の全実験 No. で同一であることが前提であった．しかし，その後の適用の拡大によって，信号因子の水準値が測定値である実験が多くなってきた．信号因子の水準値が測定値の場合には，信号因子の水準値が直交表の実験 No. ごとに異なる，信号因子の水準数が直交表の実験 No. ごとに異なる，あるいはこの両者が同時に発生するなどが多発する．

田口玄一氏による表 3.1 の SN 比の計算式では，水準値や水準数が変わる場合に有効序数 r が変わり，それらの影響を受けて SN 比の計算結果が大きく変わってしまう．このため，最適条件を間違えることもある．

② 望目特性と動特性のSN比の計算結果の違い．

　第4章でも述べたが，望目特性は動特性の入力を1点に固定したものと考えてよい．しかし，動特性の入力を1点とした場合のSN比の計算結果と，望目特性として解析したときのSN比の計算結果が異なる値となる．

③ 田口の動特性のSN比は無次元ではない．

　田口の動特性のSN比は式(7.1)でもわかるように，無次元(無単位)ではない．すなわち，β^2/σ^2の次元(単位)は1／入力の次元の2乗である．無次元ではないものの対数をとるのは問題があるとの指摘は以前からあった．これは望小特性のSN比，望大特性のSN比，非線形の標準SN比などでも同様である．望目特性のSN比だけはμ^2/σ^2であり，これは無次元である．

④ この他に，4.3節で示した望目特性の問題点と共通の問題点もある．

7.2　エネルギー比型 SN 比

　以上の問題点を解決するものとして，鐡見ほか(2010)はエネルギー比型SN比と呼ばれる新SN比を2008年に提案した．ゼロ点比例の動特性のエネルギー比型SN比を示せば式(7.2)となる．

$$\text{動特性のSN比}\ \eta\ (\text{デシベル}) = 10\log\frac{S_\beta}{S_N{'}} = 10\log\frac{S_\beta}{S_T - S_\beta} \quad (7.2)$$

すなわち，動特性では表3.1のSN比の計算式で，分子ではV_eを引かず，また有効序数rでも割らず，分母を自由度で割らないという形である．単に信号と誤差因子の効果を示す平方和の比の形である．StatWorksでは，エネルギー比型SN比の使用がオプションとして選択できる．

参 考 文 献

1) 立林和夫(2004):『入門タグチメソッド』,日科技連出版社.
2) 田口玄一(1976):『第3版実験計画法 上巻』,丸善,pp.134~135.
3) 立林和夫(2010):『日科技連セミナー ベーシックコース テキスト第24章』,日本科学技術連盟.
4) ㈳日本品質管理学会中部支部産学連携研究会編(2010):『開発・設計における"Q"の確保』,日本規格協会.
5) 馬場幾郎ほか編(1992):『転写性の品質工学』,日本規格協会.
6) 久米昭正ほか(1999):『化学・薬学・生物学の技術開発』,日本規格協会.
7) 草野秀昭ほか(1996):「技術手段の機能評価による温度上昇対策期間の短縮」,『第4回品質工学研究発表大会論文集』,pp.101-105,品質工学会.
8) 宮川雅巳(2000):『品質を獲得する技術』,日科技連出版社.
9) 田口玄一(2001):「機能設計(合わせ込み,チューニングの方法)」,『品質工学』,Vol.9, No.3, pp.5-10, 品質工学会.
10) 田口玄一,横山巽子(2007):『ベーシック オフライン品質工学』,日本規格協会.
11) 鐵見太郎ほか(2010):「品質工学でもちいるSN比の再検討」,『品質工学』,Vol.18, No.4, pp.80-88, 品質工学会.

第Ⅲ部　応答曲面法

第1章　応答曲面法の概要

1.1　基本的な考え方

　応答曲面法とは，応答 y と量的な因子 $x_1, \cdots, x_p$ の関係について，実験計画に従ってデータを収集し，それを解析するなどして応答と因子の関係を探索する一連の方法論である．ここでの応答曲面は，応答 y と量的な因子 $x_1, \cdots, x_p$ の関係を指し，$\mu(x_1, \cdots, x_p)$ と表現する．

　応答曲面法では因子が量的であることを積極的に活用し，最適操業条件の探索などをより合理的に実施できる．例えばある化学工程において，純度を応答 y，反応温度を因子 A として，実験によりデータを得てその解析結果にもとづき純度を管理する場合を考える．反応温度 A の水準について，1100, 1150, 1200（℃）を取り上げる．このとき，$A_1: 1100$，$A_2: 1150$，$A_3: 1200$ として実施した分散分析結果と，この水準の割当てを変更し $A_1: 1200$，$A_2: 1150$，$A_3: 1100$ として実施した分散分析は同じである．また最適水準を選ぶとしても，A_1，A_2，A_3 のいずれかに限られる．これは，量的因子である温度について，量的な情報を使っていない現れである．

　一方，応答曲面法では，$\mu(x_1, \cdots, x_p)$ を推定するので，1100 から 1200（℃）のなかの最適水準や，温度を増加させるのがよいか減少させるのがよいかという情報も得られる．

　量的因子としての情報を積極的に活用するために，応答の母平均が因子 x の関数 $\mu(x_1, \cdots, x_p)$ で与えられ，測定には誤差がともなうモデル

を用いて一連の解析を行う．

$$y = \mu(x_1, \cdots, x_p) + \varepsilon, \quad \varepsilon \sim N(0, \sigma^2) \tag{1.1}$$

応答と因子の関係を表現する $\mu(x_1, \cdots, x_p)$ について，理論的には，$x_1, \cdots, x_p$ のどのような関数型をも考えることができる．しかしながら現実的には，$x_1, \cdots, x_p$ について限られた局所的な領域について興味があるので，$x_1, \cdots, x_p$ の1次式

$$\mu(x_1, \cdots, x_p) = \beta_0 + \beta_1 x_1 + \beta_2 x_2 + \cdots + \beta_p x_p \tag{1.2}$$

または，2次式

$$\begin{aligned}\eta(x_1, \cdots, x_p) =\ & \beta_0 + \beta_1 x_1 + \beta_2 x_2 + \cdots + \beta_p x_p \\ & + \beta_{12} x_1 x_2 + \beta_{13} x_1 x_3 + \cdots + \beta_{p-1 \cdot p} \\ & + \beta_{11} x_1^2 + \cdots + \beta_{pp} x_p^2 \end{aligned} \tag{1.3}$$

を用いて解析する．式(1.2)は $x_1, \cdots, x_p$ の1次式という意味で1次モデル(First Order Model)，式(1.3)は2次モデル(Second Order Model)と呼ばれる．

上記の1次モデル，あるいは，2次モデルにおいて，$\beta_i x_i$ は因子 x_i の1次の効果を，$\beta_{ii} x_i^2$ は因子 x_i の2次の効果を表す．さらに，x_i のみの関数で表現できる項が因子 x_i の主効果となる．

また，$\beta_{ij} x_i x_j$ は因子 x_i と因子 x_j の「1次×1次の交互作用」を表す．理論的にはより高次の交互作用も考えられ，その取扱いは1次×1次の交互作用と同様である．

応答曲面法では，応答と因子の関係を2次モデルのように単純に表現して，実験を計画しそれに従いデータ収集し，解析する．この方法は，Box and Wilson(1951)から始まり，数多く研究がなされている．

1.2 概要を示す例

応答曲面法は，応答曲面 $\mu(x_1, \cdots, x_p)$ を推定するための計画と，データによる $\mu(x_1, \cdots, x_p)$ の推定・解析からなる．前者は応答曲面計画，後者は応答曲面解析と呼ばれる．

Myers and Montgomery(1995)に掲載されている**表1.1**に示す化学工程のデ

1.2 概要を示す例

表1.1 応答曲面法のデータ例(転換量・活性度データ)

No.	x_1	x_2	x_3	y_1	y_2
1	−1.000	−1.000	−1.000	74	53.2
2	1.000	−1.000	−1.000	51	62.9
3	−1.000	1.000	−1.000	88	53.4
4	1.000	1.000	−1.000	70	62.6
5	−1.000	−1.000	1.000	71	57.3
6	1.000	−1.000	1.000	90	67.9
7	−1.000	1.000	1.000	66	59.8
8	1.000	1.000	1.000	97	67.8
9	−1.682	0.000	0.000	76	59.1
10	1.682	0.000	0.000	79	65.9
11	0.000	−1.682	0.000	85	60.0
12	0.000	1.682	0.000	97	60.7
13	0.000	0.000	−1.682	55	57.4
14	0.000	0.000	1.682	81	63.2
15	0.000	0.000	0.000	81	59.2
16	0.000	0.000	0.000	75	60.4
17	0.000	0.000	0.000	76	59.1
18	0.000	0.000	0.000	83	60.6
19	0.000	0.000	0.000	80	60.8
20	0.000	0.000	0.000	91	58.9

ータを取り上げ，応答曲面法の概要を説明する．応答曲面計画の主題は，因子 x_1, x_2, x_3 の水準設定である．一方，応答曲面解析の主題は，因子 x_1, x_2, x_3 と y のデータにもとづく，応答と因子の関係の推定である．

この例での応答は，y_1：転換量，y_2：活性度である．転換量 y_1 は値が大きいほど好ましい望大応答である．逆に小さいほど望ましい性質を持つ応答は，望小応答である．さらに y_2：活性度は望目応答である．これは，55 から 60 の範囲にあることが望ましく，これはある特定の値[*1]に等しいことが望ましい現れで，それを常に実現するのが困難なので幅をつけている．これらの応答につい

[*1] 通常は範囲の中間が最も好ましく，この例の場合には 55 と 60 の中間である 57.5 となる．

て影響を及ぼす要因から，x_1：反応時間，x_2：反応温度，x_3：触媒量を因子として取り上げている．因子 x_1, x_2, x_3 について，平均を0に，ある特定の範囲が-1，1となるように基準化している．

この例において応答曲面計画として，因子 x_1, x_2, x_3 の水準は，後に紹介する中心複合計画によって設定されている．この中心複合計画は，2次モデルの母数を少数回の実験で効果的に推定できるという特長がある．

また応答曲面解析として，応答 y_t と因子 x_1, x_2, x_3 の関係を表す2次モデルの母数は，最小2乗法により推定する．母数の推定値後は，等高線表示などの視覚的検討，停留点などによる解析的検討により，解析結果の実プロセスへの導入がされる．

第Ⅲ部では，応答曲面法の概略，基本的考え方を示す．詳細は山田(2004)を参照されたい．

第2章　応答曲面推定のための計画

2.1　計画に対する要請

　応答曲面を推定するための計画として，一般に次の性質をもつことが望ましいとされている(例えば，Box and Draper(1987)，Myers and Montgomery (1995)など)．

　① 実験誤差の推定が可能となる．
　② モデルの妥当性がチェックできる．
　③ 母数を精度良く推定できる．
　④ ブロックを導入した計画が構成できる．
　⑤ 多数の実験を必要としない．
　⑥ 多すぎる水準数を必要としない．

　これらの要請は，すべてを取り入れることは一般にはできない．これらを念頭に置きながら全体的にバランス良く計画を構成することが望ましい．上記をバランス良く考慮し実験計画を行うものに複合計画がある．本章では複合計画を中心に紹介し，さらに，応答曲面推定のためによく用いられる Box-Behnken 計画を述べる．

2.2　中心複合計画

(1)　複合計画の概要

　複合計画(composite design)とは，1次の効果，交互作用を推定するための計画と，2次の効果を推定するための計画と，中心点での繰返しを"複合(composite)"した計画である．

複合計画の構造について，応答 y と因子 x_1，x_2 に 2 次モデル

$$y = \beta_0 + \beta_1 x_1 + \beta_2 x_2 + \beta_{12} x_1 x_2 + \beta_{11} x_1^2 + \beta_{22} x_2^2 + \varepsilon \tag{2.1}$$

を用いる例を説明する．

未知母数 β_0，β_1，β_2，β_{12} については，例えば 2 水準の 2 因子要因計画を用いて 4 回の実験を行えば，これらの未知母数を推定できる．表 2.1 に 2 水準要因計画の例を示す．この計画の場合には 2 列が直交しているので，β_1，β_2 の推定量も直交する．また，交互作用 β_{12} の列も表 2.1 と直交するので，この推定量と β_1，β_2 の推定量も直交する．

表 2.1 2 因子の複合計画 ($n_0 = 4$)

2 水準要因計画			軸上点			中心点		
No.	x_1	x_2	No.	x_1	x_2	No.	x_1	x_2
1	-1	-1	5	α	0	9	0	0
2	-1	1	6	$-\alpha$	0	10	0	0
3	1	-1	7	0	α	11	0	0
4	1	1	8	0	$-\alpha$	12	0	0

因子の 2 次の効果である β_{11}，β_{22} の推定には，それぞれの因子について少なくとも 3 水準の実験が必要となる．このために，よく用いられるのが軸上点(axial point)と中心点(center point)である．なお軸上点は，星点(star point)と呼ばれる場合もある．軸上点と中心点を設定すると，2 次の効果が推定可能となる．さらに，誤差分散のために中心点での繰返しを入れる．これにより，実験による誤差分散の推定が可能になるばかりでなく，モデルの当てはまりの悪さに関する検定ができる．これまでの例からわかるように，複合計画に関する主な論点は次のとおりとなる．軸上点，中心点の例を表 2.1 に併せて示す．これらの要因計画，軸上点，中心点を複合しているので，複合計画と呼ばれる．また 3 因子の場合について，表 2.2 に示す．いずれの例の場合にも，中心での繰返し数は 4 としている．

2.2 中心複合計画

表 2.2 3 因子の複合計画 ($n_0 = 4$) 2 水準要因計画

2 水準要因計画				軸上点				中心点			
No.	x_1	x_2	x_3	No.	x_1	x_2	x_3	No.	x_1	x_2	x_3
1	-1	-1	-1	9	α	0	0	15	0	0	0
2	-1	-1	1	10	$-\alpha$	0	0	16	0	0	0
3	-1	1	-1	11	0	α	0	17	0	0	0
4	-1	1	1	12	0	$-\alpha$	0	18	0	0	0
5	1	-1	-1	13	0	0	α				
6	1	-1	1	14	0	0	$-\alpha$				
7	1	1	-1								
8	1	1	1								

以上の 2 因子, 3 因子の場合について, 複合計画を図示したものを図 2.1 に示す. この図から 2 水準要因計画は, 2 因子の場合には正方形の角上に, また 3 因子の場合には立方体の角に位置する点である.

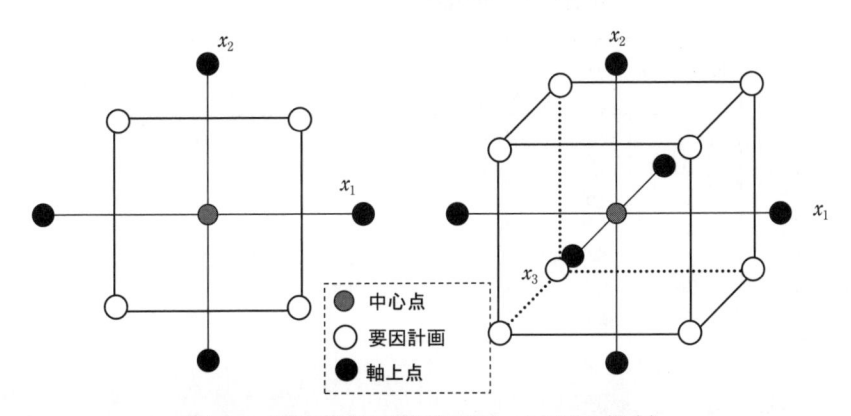

図 2.1 複合計画の概要(2 因子, 3 因子の場合)

これまでの例からわかるように, 複合計画に関する主な論点は次のとおりとなる.

① 2 水準要因計画の構成方法(一部実施計画の導入)
② 軸上点における水準 α の決定方法
③ 中心点での繰返し数 n_0 の決定方法

(2) 2水準要因計画の構成

2水準要因計画の役割は，定数項β_0，1次の主効果β_i，1次×1次の交互作用β_{ij}の推定である．因子x_iの1次の主効果β_i，因子x_iとx_jの交互作用β_{ij}を推定するために，簡単，かつ，わかりやすいのは2水準要因計画である．すなわち，因子x_iの水準を-1または1とするとき，すべての水準の組合せの実験を行う．因子数が4までは2水準の要因計画を用い，因子数が5以上の場合には2水準の一部実施要因計画を用いる．

因子数，実験数などをまとめたものを表2.3に示す．この実験数は，すべての交互作用が推定可能であるという前提で作成されている．また，総実験数に中心点での繰返し数は含まれていない．この表2.3を見ると，総実験数と推定すべき母数の数に大きな違いが見られず，推定の効率が良いことがわかる．

表2.3 複合計画の実験回数

因子数k	母数の数	2^k	一部実施の度合い	2水準要因計画の実験数	軸上点の実験数	総実験数
2	6	4	1/1	4	4	8
3	10	8	1/1	8	6	14
4	15	16	1/1	16	8	24
5	21	32	1/2	16	10	26
6	28	64	1/2	32	12	44
7	36	128	1/2	64	14	78
8	45	256	1/4	64	16	80

(3) 軸上点の設定

軸上点は，2次の効果β_{ii}の推定が本質的な狙いとなる．一般的には，p因子の場合に$2p$回の実験を

$$(x_1,\ x_2,\ \cdots,\ x_p) = \begin{array}{l} (\alpha, 0, \cdots, 0),\ (-\alpha, 0, \cdots, 0), \\ (0, \alpha, \cdots, 0),\ (0, -\alpha, \cdots, 0), \\ \vdots \\ (0, 0, \cdots, \alpha),\ (0, 0, \cdots, -\alpha) \end{array} \quad (2.2)$$

に設定する.

2因子の場合に $\alpha = \sqrt{2} = 1.414$ とすれば,中心点での繰返しを除くすべての点は,中心から等距離に配置される.また3因子の場合には,$\alpha = \sqrt{3} = 1.73$ とすれば同様の性質が成り立つ.さらに一般に p 因子の場合には,$\alpha = \sqrt{p}$ とすれば同様の性質が成り立つ.このことは,空間的に比較的バランス良く配置されていることを意味し,後述するとおり推定の意味で好ましい性質がある.

一方,$\alpha = 1$ とすると,それぞれの因子ごとに見ると3水準の計画となる.3因子で考えると,中心点での繰返しを除くと,すべての実験水準は立方体の表面上に位置することになる.一般に実験のやりやすさから考えると水準数は少ないほうがよいので,この計画の良さは実用上の容易性にある.

応答曲面の推定精度に関する指標に,Box and Hunter(1957)の提案による回転可能性(rotatability)がある.応答の推定値 $\hat{\eta}(x_1, \cdots, x_p)$ の分散 $V(\hat{\eta}(x_1, \cdots, x_p))$ が,応答を推定する $x_1, \cdots, x_p$ の水準の選び方によらず,$x_1, \cdots, x_p$ と実験水準の中心との距離 r のみによって決まる場合に回転可能性があると呼び,これが成り立つ計画を回転可能計画と呼ぶ.

理論的には,ある条件を満たすように α を選べば,回転可能性は保証される.しかしながら,Box and Draper(1987)が指摘しているように,回転可能性があれば好ましいのは事実であるものの,実際的な観点からは,回転可能性を最優先で考える必要はない.例えば,回転可能性が成り立たず,局所的に推定精度が変化していたとしても,応答の信頼区間を求めるなどの工夫をして,推定精度を考慮して結果を解釈することは可能である.したがって現実的には,まずは実験のやりやすさなどから α を選び,もし,どのような α でも選ぶことができる場合には,回転可能な計画を用いればよい.

(4) 中心点での繰返し数

複合計画では,中心点

$$(x_1, x_2, \cdots, x_p) = (0, 0, \cdots, 0) \tag{2.3}$$

において,実験を n_0 回繰り返す.中心点の役割は実験にともなう誤差の推定

(a) 因子数
(b) 要因計画
(c) 軸上点
(d) 繰返し数

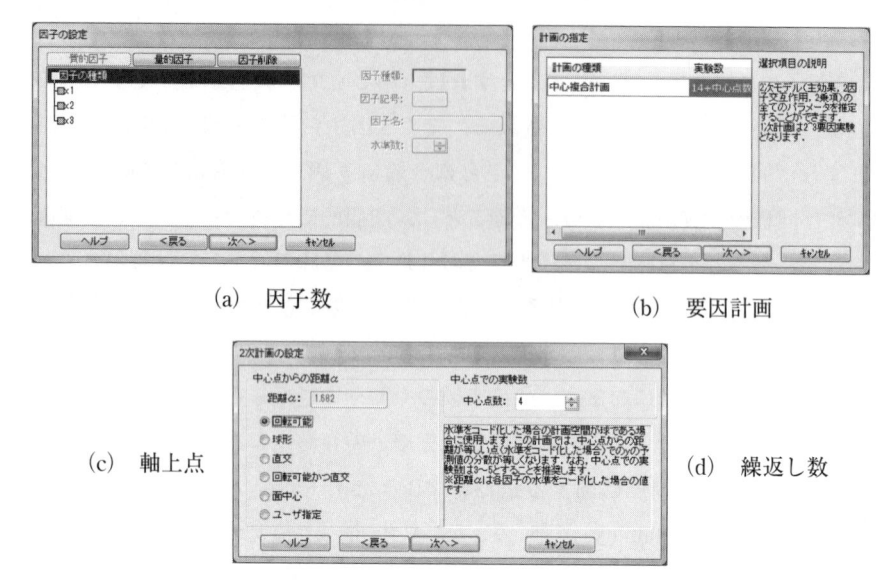

図 2.2 中心複合計画を統計解析アプリケーションで構成する概要

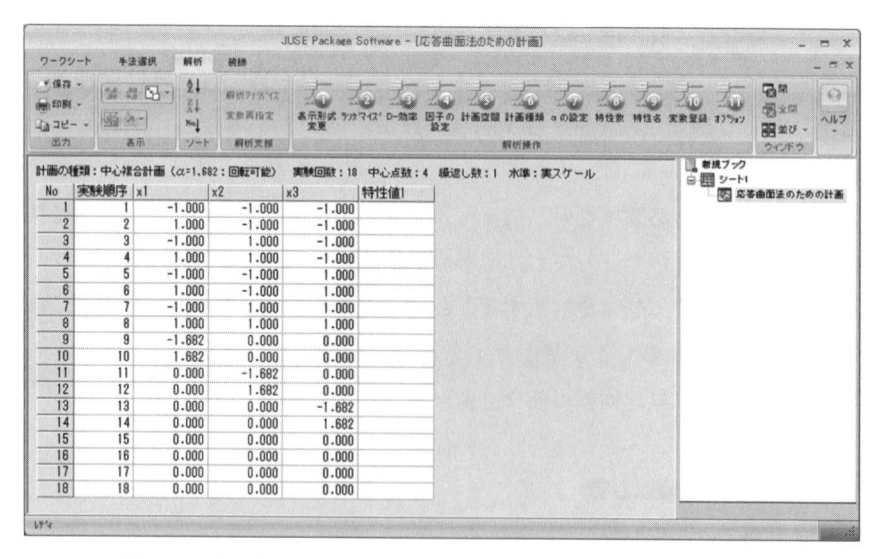

No	実験順序	x1	x2	x3	特性値1
1	1	−1.000	−1.000	−1.000	
2	2	1.000	−1.000	−1.000	
3	3	−1.000	1.000	−1.000	
4	4	1.000	1.000	−1.000	
5	5	−1.000	−1.000	1.000	
6	6	1.000	−1.000	1.000	
7	7	−1.000	1.000	1.000	
8	8	1.000	1.000	1.000	
9	9	−1.682	0.000	0.000	
10	10	1.682	0.000	0.000	
11	11	0.000	−1.682	0.000	
12	12	0.000	1.682	0.000	
13	13	0.000	0.000	−1.682	
14	14	0.000	0.000	1.682	
15	15	0.000	0.000	0.000	
16	16	0.000	0.000	0.000	
17	17	0.000	0.000	0.000	
18	18	0.000	0.000	0.000	

図 2.3 中心複合計画の統計解析アプリケーションによる構成例

であり，これにより効果の推定ばらつきや，当てはまりの悪さに関する検定が可能である．中心点での繰返し数 n_0 の決定方法について，数理統計的意味での目安はなく，実用上から実験数を決めるのがよい．いくつかの書籍で指摘されているように，大雑把な目安として3から5程度あれば，精度面において実用上十分なことが多い．

(5) 統計解析アプリケーションでの構成例

中心複合計画を構成するには，(a)因子数，(b)要因計画，(c)軸上点 α，(d)中心での繰返し数 n_0 を設定する．多くの統計解析アプリケーションにおいても，これらを指定すると中心複合計画が表示される．その概要を**図2.2**に示す．

このように操作をすると，**図2.3**に示すように，中心複合計画が出力される．その際，それぞれの変数を基準化した値で出力されるものと，基準化した値で出力されるものがある．この図の場合には，元の単位での出力である．

2.3 Box-Behnken 計画

Box and Behnken(1960)による計画では，まず，取り上げる因子のなかから因子対(2因子)を選び，それらをもとに水準-1，1の実験数4の 2^2 要因計画を構成し，その時の残りの因子については水準を0とする．これをすべての因子対について同様に計画を構成するものである．

例えば x_1, x_2, x_3 の3水準の場合には，まず x_1, x_2 で 2^2 要因計画を構成しそのときの x_3 については0とする．次に x_1, x_3 で 2^2 要因計画を構成し x_2 については0とする．最後に x_2, x_3 で 2^2 要因計画を構成し，x_1 については0とする．必要に応じて中心点での実験を追加する．Box-Behnken計画について，3因子の場合を**表2.4**に，4因子の場合を**表2.5**に示す．さらに3因子の場合について，これを視覚化したものを**図2.4**に示す．

Box-Behnken計画の良さとして，まずは実験回数の効率の良さがあげられる．例えば3因子2次モデルの場合には，定数項，1次の主効果，交互作用，

表2.4 3因子の Box-Behnken 計画

No.	x_1	x_2	x_3	No.	x_1	x_2	x_3
1	1	1	0	9	0	1	1
2	1	-1	0	10	0	1	-1
3	-1	1	0	11	0	-1	1
4	-1	-1	0	12	0	-1	-1
5	1	0	1	13	0	0	0
6	1	0	-1	14	0	0	0
7	-1	0	1	15	0	0	0
8	-1	0	-1	16	0	0	0

表2.5 4因子の Box-Behnken 計画

No.	x_1	x_2	x_3	x_4	No.	x_1	x_2	x_3	x_4	No.	x_1	x_2	x_3	x_4
1	1	1	0	0	13	0	1	1	0	25	0	0	0	0
2	1	-1	0	0	14	0	1	-1	0	26	0	0	0	0
3	-1	1	0	0	15	0	-1	1	0	27	0	0	0	0
4	-1	-1	0	0	16	0	-1	-1	0	28	0	0	0	0
5	1	0	1	0	17	0	1	0	1					
6	1	0	-1	0	18	0	1	0	-1					
7	-1	0	1	0	19	0	-1	0	1					
8	-1	0	-1	0	20	0	-1	0	-1					
9	1	0	0	1	21	0	0	1	1					
10	1	0	0	-1	22	0	0	1	-1					
11	-1	0	0	1	23	0	0	-1	1					
12	-1	0	0	-1	24	0	0	-1	-1					

2次の主効果についてそれぞれ1, 3, 3, 3の母数を推定する必要がある．一般に p 因子の場合には

$$1+p+\frac{p(p-1)}{2}+p = \frac{1}{2}(2+3p+p^2) \tag{2.4}$$

の母数を推定する必要がある．これらの推定において Box-Behnken 計画の場合には，中心点での繰返しを n_0 とすると3因子の場合には $12+n_0$ 回の実験，p 因子の場合には

2.3 Box-Behnken 計画

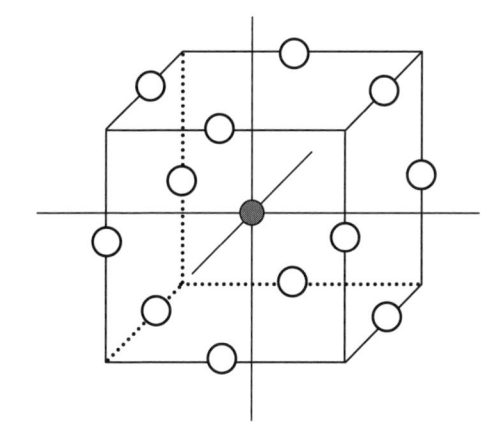

図 2.4 Box-Behnken 計画(3 因子)の視覚化

$$4\frac{p(p-1)}{2}+n_0 = 2p(p-1)+n_0 \tag{2.5}$$

回の実験になる．この実験回数を，$n_0 = 0$ としてまとめたものを**表 2.6** に示す．この表は，因子数が 3 から 5 での実験効率の良さを示している．

表 2.6 Box-Behnken 計画での実験数と推定すべき母数の数

因子数	実験数	母数の数
3	12	10
4	24	15
5	40	21
6	60	28
7	84	36

注) 実験数に中心点の数は含まない．

さらなる Box-Behnken 計画の良さとして，**図 2.4** に示すとおりすべての点が原点から $\sqrt{2}$ の距離に布置されていて，実験水準が 3 水準となり実験がやりやすいという実務的な利点があげられる．複合計画は α のとり方にもよるが，基本的には 5 水準の計画となり，適用の場面によっては水準設定が面倒になる．Box-Behnken 計画では，この点を克服できる．

第3章　応答曲面の解析

3.1　実験データに対する最小2乗法の適用

　応答曲面法のデータ解析では，応答 y と因子 $x_1, x_2, \cdots, x_p$ について，1次モデル，あるいは，2次モデルを用いて最小2乗法により母数を推定する．その際，複合計画などを用いて適切に実験データを収集し，最小2乗法で母数を推定する場合には，応答と因子の因果関係が保証される．

　一方，現場の作業記録などにより得たいわゆる「観察データ」の場合には，実験データの時と同様に最小2乗法で関係が推定できるものの，原則として応答曲面解析を適用するべきではない．それは，応答と因子間の因果関係が保証されないという理由による．すなわち，観察データから求めた推定結果をもとに，因果関係の存在が前提となる制御——例えば，応答 y の母平均をしかるべき値にする因子 x_1, x_2, x_3 の水準を求める——を行うのは無理がある．応答と因子の関係について，確度の高い先見的な知識をもっているか，正当な因果分析を実施しない限り，因子の水準を与えたもとでの応答 y の値を予測にとどめるべきである．したがって，因子と応答についての観察データを実験データとみなして各種の制御を行うのはかなりの危険がともなう．

　これに対し，実験データの場合には，実験の場を管理することにより，因子の影響を正確に把握できる．すなわち，実験データの場合には因果関係が反映された形でデータが収集されるので，応答 y と因子 $x_1, x_2, \cdots, x_p$ の推定結果をもとに制御を考えてよい．

3.2 停留点(stationary point)

先に示した化学工程データの1番目の応答 y_1 について，2次モデルを当てはめると

$$\hat{\mu}(x_1, x_2, x_3) = 81.091 + 1.028x_1 + 4.040x_2 + 6.204x_3 \\ + 2.125x_1x_2 + 11.375x_1x_3 - 3.875x_2x_3 \\ - 1.834x_1^2 - 2.938x_2^2 - 5.191x_3^2 \tag{3.1}$$

となる．一般に，2次モデルにもとづく推定結果において，最大／最小の応答を与える因子の水準が存在するならば，それは連立方程式

$$\begin{cases} \dfrac{\partial \hat{\mu}(x_1, \cdots, x_p)}{\partial x_1} = 0 \\ \dfrac{\partial \hat{\mu}(x_1, \cdots, x_p)}{\partial x_2} = 0 \\ \quad\quad\vdots \\ \dfrac{\partial \hat{\mu}(x_1, \cdots, x_p)}{\partial x_p} = 0 \end{cases} \tag{3.2}$$

の解で表現される．この連立方程式の解を，停留点(stationary point)と呼ぶ．

因子数が p の場合の2次モデルの推定結果を

$$\hat{\mu}(x_1, \cdots, x_p) = \hat{\beta}_0 + \sum_{i=1}^{p} \hat{\beta}_i x_i + \sum_{i<j} \hat{\beta}_{ij} x_i x_j + \sum_i \hat{\beta}_{ii} x_i^2 \tag{3.3}$$

$$= \hat{\beta}_0 + \boldsymbol{x}_l \hat{\boldsymbol{\beta}}_l + \boldsymbol{x}_l \hat{\boldsymbol{B}} \boldsymbol{x}_l^\top$$

とする．ここにおいて $\boldsymbol{x}_l = (x_1, \cdots, x_p)$ は，$x_1, \cdots, x_p$ の1次項(linear term)からなるベクトルである．これと同様に，$\hat{\boldsymbol{\beta}}_l = (\hat{\beta}_1, \cdots, \hat{\beta}_p)^\top$ とし，1次の母数の推定値からなるベクトルを定義する．

さらに，2次形式 $\boldsymbol{x}_l \hat{\boldsymbol{B}} \boldsymbol{x}_l^\top$ において

$$\hat{\boldsymbol{B}} = \begin{pmatrix} \hat{\beta}_{11} & \hat{\beta}_{12}/2 & \cdots & \hat{\beta}_{1p}/2 \\ \hat{\beta}_{12}/2 & \hat{\beta}_{22} & & \hat{\beta}_{2p}/2 \\ \vdots & & \ddots & \vdots \\ \hat{\beta}_{1p}/2 & \hat{\beta}_{2p}/2 & \cdots & \hat{\beta}_{pp} \end{pmatrix} \tag{3.4}$$

であり，これは2乗項，交互作用からなる $(p \times p)$ 行列となる．

これを用いて $\hat{\mu}(x_1, \cdots, x_p)$ について最大化／最小化する $x_1, \cdots, x_p$ を求めるために，$\hat{\mu}(x_1, \cdots, x_p)$ を x_i で微分し0とおく．これらを行列で表現すると

$$\frac{\partial \hat{\mu}(x_1, \cdots, x_p)}{\partial \boldsymbol{x}_l^\top} = \hat{\boldsymbol{\beta}}_l + 2\hat{\boldsymbol{B}}\boldsymbol{x}_l^\top = \boldsymbol{0}_p \tag{3.5}$$

となる．ただし，$\boldsymbol{0}_p$ はすべての要素が0である $(p \times 1)$ ベクトルを表す．停留点 $\boldsymbol{x}_s$ は式(3.5)の解で求められるので，$\hat{\boldsymbol{B}}$ に逆行列 $\hat{\boldsymbol{B}}^{-1}$ が存在するなら

$$\boldsymbol{x}_s^\top = -\frac{1}{2}\hat{\boldsymbol{B}}^{-1}\hat{\boldsymbol{\beta}}_l \tag{3.6}$$

となる．

さらに，$\boldsymbol{x}_s$ のときの $\hat{\mu}(\boldsymbol{x}_s)$ は

$$\hat{\mu}(\boldsymbol{x}_s) = \hat{\beta}_0 + \frac{1}{2}\boldsymbol{x}_s\hat{\boldsymbol{\beta}}_l \tag{3.7}$$

となる．

先の化学工程データの1番目の応答 y_1 について，2次モデルを当てはめると式(3.1)より，

$$\hat{\boldsymbol{\beta}}_l = \begin{pmatrix} 1.028 \\ 4.040 \\ 6.204 \end{pmatrix}, \quad \hat{\boldsymbol{B}} = \begin{pmatrix} -1.834 & 1.063 & 5.688 \\ 1.063 & 2.938 & -1.938 \\ 5.688 & -1.938 & -5.191 \end{pmatrix} \tag{3.8}$$

となる．これらの値を式(3.6)に代入すると，停留点は

$$\boldsymbol{x}_s = (-1.018, \ -0.530, \ -0.319) \tag{3.9}$$

となり，またそのときの応答の推定値は，

$$\hat{\mu}(\boldsymbol{x}_s) = 78.56 \tag{3.10}$$

となる．

3.3 応答の特徴づけ

応答と因子の関係に2次モデルを用いる場合，停留点は応答を最大化／最小化を達成する必要条件とはなるが，応答を最大化／最小化する条件が常に存在するとは限らない．これを簡単な例で説明する．応答 y と因子 x_1，x_2 の関係が

$$y = x_1^2 + x_2^2 \tag{3.11}$$

(a) 応答を最大化する点　　　(b) 鞍点

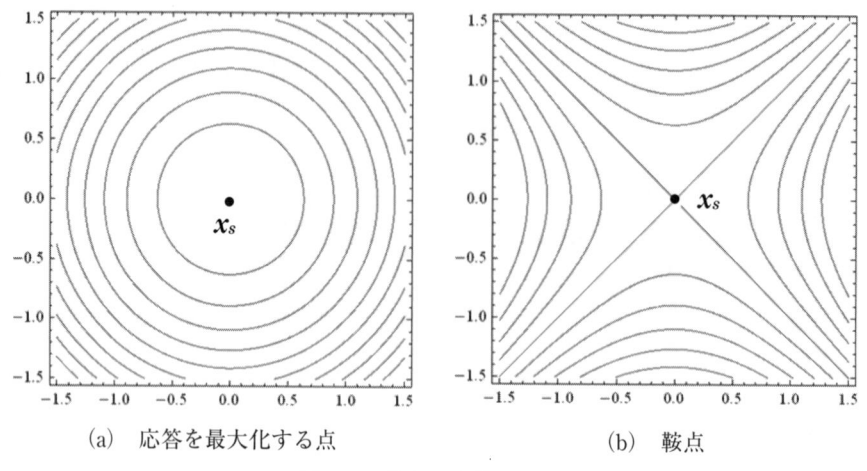

図 3.1 異なる応答の形状

なる場合について，y_1 の x_1, x_2 に対する等高線は**図 3.1(a)** に示す．この図からもわかるとおり，式(3.6)で求められる停留点 $x_s = (0, 0)$ は最大の応答を与える．

一方，

$$y = x_1^2 - x_2^2 \tag{3.12}$$

の等高線は**図 3.1(b)** となり，式(3.6)で求められる停留点は $x_s = (0, 0)$ は応答を最大化／最小化するものではない．この**図 3.1(b)** の上部と下部の応答は負の値となっているのに対し，左と右は正の値になっていて，馬の鞍のような形状である．このように，応答を最大化／最小化するものとはならず，馬の鞍上の点という意味で，この点は鞍点，あるいは，鞍上点(saddle point)と呼ばれる．

一般に p 因子について，式(3.6)で求められる停留点が，応答を最大化／最小化しているのか，あるいは，鞍点なのかを調べるには，行列 $\hat{B}$ の固有値 $\lambda_1 \geq \lambda_2 \geq \cdots \geq \lambda_p$ を求め，これらの符号により次のルールで判断すればよい．

① 固有値 $\lambda_1, \lambda_2, \cdots, \lambda_p$ がすべて正ならば，停留点 x_s は応答を最小化す

3.3 応答の特徴づけ

る．

② 固有値 $\lambda_1, \lambda_2, \cdots, \lambda_p$ がすべて負ならば，停留点 x_s は応答を最大化する．

③ 固有値 $\lambda_1, \lambda_2, \cdots, \lambda_p$ が正のものと負のものが混ざっている場合には，停留点 x_s は鞍点となる．

上記のことは，座標変換を行い正準形(canonical form)を用いることで導かれる．行列 $\hat{B}$ の固有値を対角要素にもつ行列を

$$\Lambda = \begin{pmatrix} \lambda_1 & 0 & \cdots & 0 \\ 0 & \lambda_2 & \cdots & 0 \\ \vdots & 0 & \ddots & \vdots \\ 0 & 0 & \cdots & \lambda_p \end{pmatrix}$$

とし，固有値 $\lambda_1, \lambda_2, \cdots, \lambda_p$ に対応する固有ベクトル $l_1, l_2, \cdots, l_p$ からなる行列を $L = (l_1, l_2, \cdots, l_p)$ とすると，

$$L^\top \hat{B} L = \Lambda, \quad L^\top L = LL^\top = I_p \tag{3.13}$$

が成り立つ．座標を変換をするために，

$$w = (w_1, w_2, \cdots, w_p) = (x_l - x_s) L \tag{3.14}$$

として変換すると

$$\begin{aligned} \hat{\mu}(x_1, \cdots, x_p) &= \hat{\beta}_0 + (wL^\top + x_s)\hat{\boldsymbol{\beta}}_l + (wL^\top + x_s)\hat{B}(wL^\top + x_s)^\top \\ &= \hat{\mu}(x_s) + wL^\top \hat{\boldsymbol{\beta}}_l + 2wL^\top \hat{B} x_s^\top + wL^\top \hat{B} L w^\top \\ &= \hat{\mu}(x_s) + wL^\top \hat{B} L w^\top \\ &= \hat{\mu}(x_s) + \lambda_1 w_1^2 + \lambda_2 w_2^2 + \cdots + \lambda_p w_p^2 \end{aligned} \tag{3.15}$$

を得る．この式は，x_s を原点とし応答の形状が $\lambda_1 w_1^2 + \lambda_2 w_2^2 + \cdots + \lambda_p w_p^2$ で決まることを示している．したがって，固有値 $\lambda_1, \lambda_2, \cdots, \lambda_p$ がすべて正だとすると，$w_1, \cdots, w_p$ が0のとき，すなわち，x_s の時に応答 $\mu(x_1, \cdots, x_p)$ が最小化される．このように，B の固有値によって応答が特徴づけられる．

3.4 転換量・活性度データの解析例

(1) 項の選択

先に示した転換量・活性度データの y_1 を応答に，x_1, x_2, x_3 を因子として2次モデルに当てはめた結果について，統計解析アプリケーションの出力画面の例を図3.2に示す．

次に，モデルに含むべき項の検討をする．一般に，

- 低次項のほうを高次項よりもモデルに含める．
- 交互作用がある場合にはそれを構成する項をモデルに含める．
- 項の選択の目安として $F = 2$ を用いる．

がモデル構築の指針として知られている．これらにおいて $F = 2$ を目安として用いるのは，応答曲面解析における次数の選択だけでなく，重回帰分析の変数

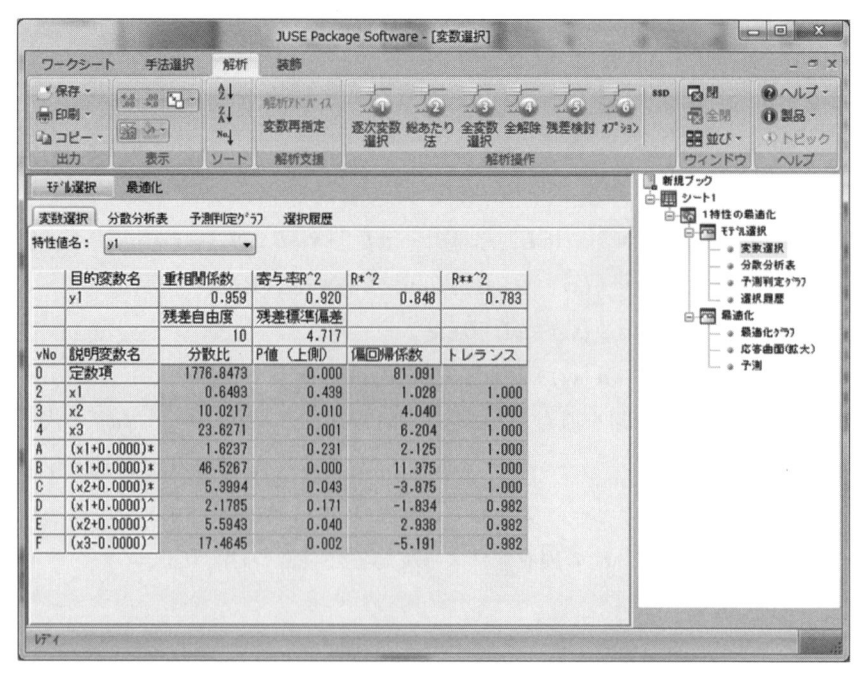

図3.2 転換量・活性度データにおけるすべての項を含む2次モデルの当てはめ結果

選択などでもよく用いられる．図3.2においては，分散比の列に F 値が出力されている．

まず2乗項について，x_1, x_2, x_3 のすべての2乗項の F 値が2を超えているので，これらの2乗項をすべてモデルに含める．次に交互作用を表す積の項において，$x_1 \times x_3$, $x_2 \times x_3$ の F 値は2よりも大きいのでモデルに含め，$x_1 \times x_2$ についてはモデルに含めない．最後に1次項において，x_1 の1次項の F 値が2より小さいものの $x_1 \times x_3$ をモデルに含めているので，交互作用に関する指針から x_1 についてもモデルに含める．これらにもとづき，改めて最小2乗法により推定値を求めた結果を図3.3に示す．この結果から，推定した関数は次のとおりとなる．

$$\hat{\mu}(x_1, x_2, x_3) = 81.091 + 1.028x_1 + 4.040x_2 + 6.204x_3 \\ + 11.375x_1x_3 - 3.875x_2x_3 \tag{3.16}$$

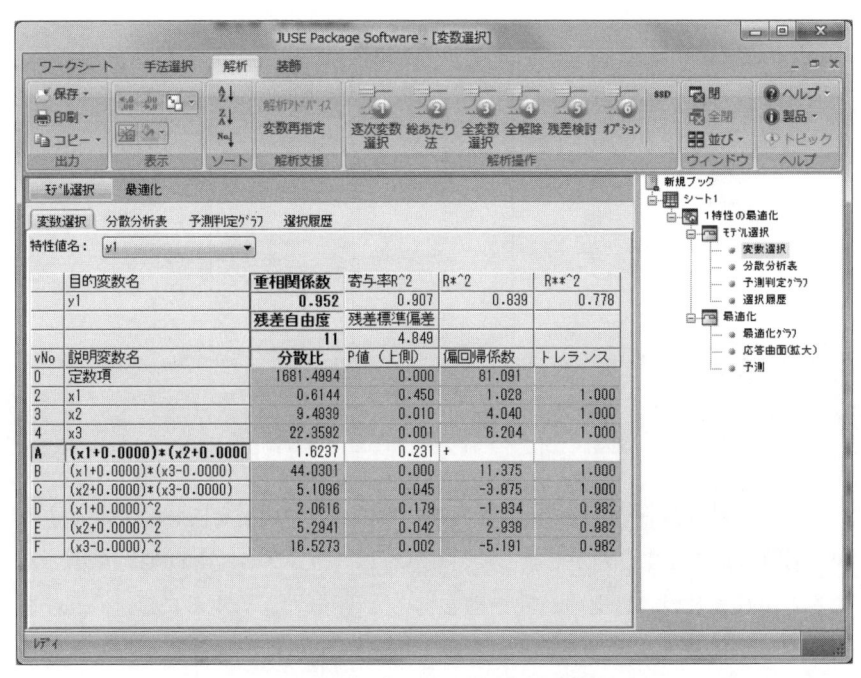

図3.3 転換量データにおける項の選択後の結果

$$-1.834x_1^2 + 2.938x_2^2 - 5.191x_3^2$$

この式と，先にすべての項を求めた式(3.6)を比較すると，$x_1 \times x_2$ 以外の項の係数が変化していない．これは，$x_1 \times x_2$ と他の項が直交しているからである．

(2) 応答の特徴づけ

応答の特徴づけのために，先に定義した $\hat{B}$ について固有値を求めると，$\lambda_1 = 3.979$，$\lambda_2 = 1.570$，$\lambda_3 = -9.636$ となる．これらの固有値には正負の符号が両方あるので，停留点 $x_s = (-1.393, -1.043, -0.534)$ は鞍点となる．

これらの確認するために，x_1，x_3 の等高線，x_2，x_3 の等高線を図 3.4 に示す．なお，x_1，x_2 の交互作用をモデルに含んでいないので，図を作成していない．これらでは馬の鞍のように大小の方向が異なっていて，求めた停留点が鞍点になっているのが確認できる．

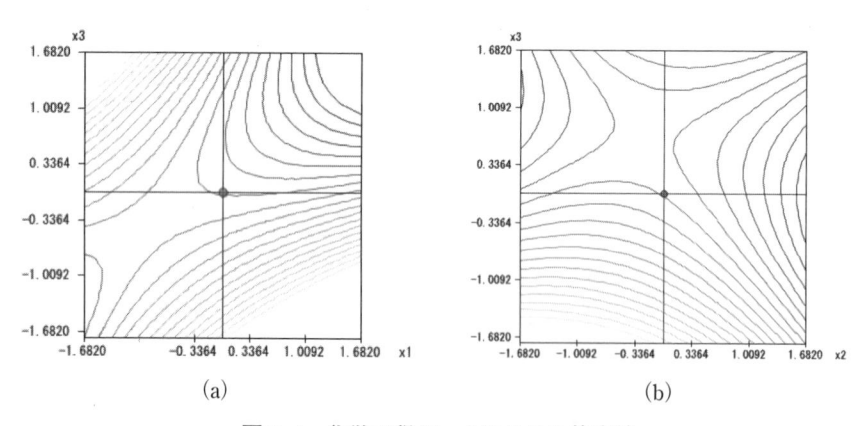

図 3.4 化学工程データにおける等高線

これらの図において，x_1，x_3 の等高線からは双方の因子を同時に大きくするか，同時に小さくするのが好ましく，x_2，x_3 は一方を大きくし，他方を小さくするのが好ましい．以上の傾向を踏まえると y_1 を大きくするには，x_1，x_3 を大きくして x_2 を小さくするか，x_1，x_3 を小さくして x_2 を大きくするのが好ましい．

3.5 制約付き最適化アプローチ

2応答の場合について,それぞれの応答がある範囲内にあるという制約

$$L_t \leq \hat{\mu}_t(x_1, \cdots, x_p) \leq U_t \quad (t = 1, 2) \tag{3.17}$$

と,実験領域 $R(x_1, \cdots, x_p)$ に含まれるという制約 $(x_1, \cdots, x_p) \in R(x_1, \cdots, x_p)$ のもとに,与えられた価値基準 $C(x_1, \cdots, x_p)$ を最適化する条件を求める方法もある.価値基準 $C(x_1, \cdots, x_p)$ の例としては,因子の投入量に応じて定義されるコストがあげられる.また,L_t, U_t を第 t 番目の応答に与えられた規格限界とするとき,この操業条件設定方法によれば,母平均の推定値 $\hat{\mu}_t(x_1, \cdots, x_p)$ が規格限界 L_t, U_t を満たし,実験領域 $R(x_1, \cdots, x_p)$ に含まれ,価値基準 $C(x_1, \cdots, x_p)$ を最適化する操業条件を求めることになる.

先に用いている化学工程データを用いて,等高線表示により制約付き最適化についての考え方を示す.応答 y_1 を大きくするには,式(3.16)を用いて作成した等高線が図 3.4 に示すとおり,x_1, x_3 を大きくして x_2 を小さくするか,x_1, x_3 を小さくして x_2 を大きくするのが好ましい.他方の応答 y_2 について,y_1 と同様の考え方で2次モデルを当てはめると

$$59.948 + 3.583 x_1 + 2.23 x_3 + 0.823 x_1^2 \tag{3.18}$$

となる.この式において,x_2 に関する項の F 値はすべて2より小さいためにモデルに含まれていない.この推定結果をもとに作成した等高線を,図 3.5 に示す.

活性度 y_2 には,下限 $L_2 = 55$,上限 $U_2 = 60$ が与えられていて,この図において左上から右下にかけての帯が y_2 の推定値がこの制約を満たす領域である.したがって,この領域の中央付近に x_1, x_3 の水準を選ぶと,y_2 の平均が制約の中心に等しくなる.この線上で y_1 が最も大きくなるように条件を選ぶのが,制約付き最適化となる.図 3.5 に,y_1 の等高線を重ねたものを図 3.6 に示す.この図において,y_2 の推定値がこの制約を満たす領域のなかで y_1 は馬の背のような形状をしているので,背の中心部分に相当するところに x_1, x_3 の水準を選ぶのが y_1 を大きくするのに好ましい.したがって,y_2 が 57.5 付近にある

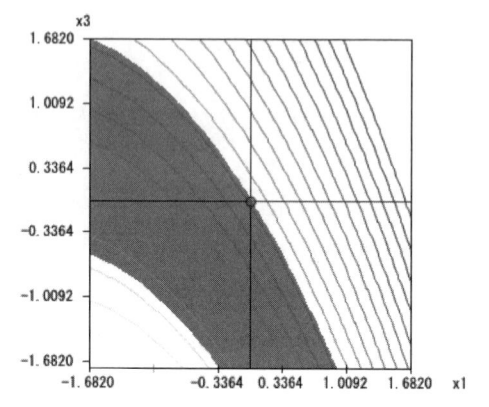

図 3.5 化学工程データにおける活性度の等高線

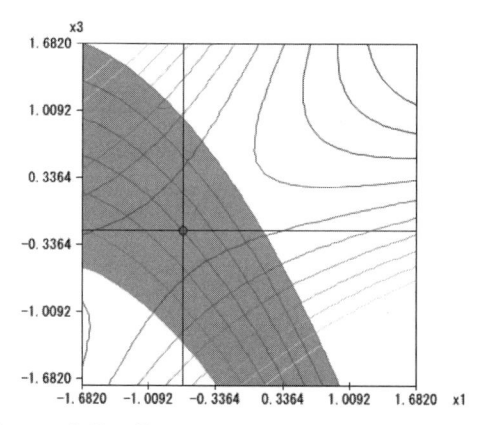

図 3.6 化学工程データにおける 2 つの応答の等高線

という制約を満たし，y_1 を大きくするには図中の丸で示した点に x_1, x_3 の水準を選ぶのが好ましい．

参 考 文 献

1) Box, G. E. P. and Behnken, D. W. (1960)："Some new three-level designs for the study of quantitative variables", *Technometrics*, 2, pp. 455-476.
2) Box, G. E. P. and Wilson, K. G. (1951)："On the experimental attainment of optimum conditions", *Journal of the Royal Statistical Society, Ser. B*, 13, pp.1-45.
3) Box, G. E. P. and Draper, N. R. (1987)：*Empirical Model Building and Response Surfaces*, John Wiley & Sons Inc.
4) Myers, R. H. and Montgomery, D. G. (1995)：*Response Surface Methodlogy*, John Wiley and Sons Inc.
5) 山田秀(2004)：『実験計画法—方法編—』, 日科技連出版社.

第Ⅳ部　ロバスト最適化

第1章　単目的最適化

1.1　最適化の種類

　応答曲面法では，応答曲面関数が求められた後にその関数を用いて設計空間内における設計最適解を探索的に導出するステップが残されている．ロバスト最適解も同様の手法で導出が可能である．第Ⅳ部では，これらの方法について説明する．

　最適化にはさまざまな種類がある．

　単目的最適化は特性値 y が一つしかない場合に用いられる．応答曲面関数に探索点の座標 $(x_1, \cdots, x_i, \cdots, x_p)$ を代入して求めた応答値 y が最大・最小，あるいは目標値へ収束するように設計変数 $x_1 \sim x_p$ を最適化する手法である．本章では，まずこれについて説明する．

　多目的最適化は特性値 y が複数存在する状況下でそれらを満足するように設計変数を最適化する手法である．単目的最適化と異なる点は，複数の応答曲面関数が得られた後，それらに探索点の座標を代入して求めた応答値を用いて**統合指標**をつくる点である．その統合指標を好ましい方向へもっていくよう設計変数を変更しながら探索して最適解を得る．これについては第2章で説明する．多目的最適化にはいろいろなバリエーションがある．統合指標を用いて各々の特性値の重みを考慮しながら同時に最適化する**多目的同時最適化**が一般的に行われるが，特に重要度の高い特性値を優先して最適化する**逐次最適化**も行われる．また，特殊な状況として逐次最適化に似た**条件付き最適化**も行われる．これは，ある特性値に好ましくない範囲があり，それを必ず避けたいとい

Ⅳ　ロバスト最適化

う場合に対応する方法で，その意図が統合指標に反映されるような統合指標のつくり方を採用する必要がある．これについては，多目的最適化のなかで説明する．

一方，統合指標による多目的最適化がうまくいかない場合もある．その多くが**パレート最適解**となるケースであるので，これは第3章で説明する．

最近は，多目的同時最適化の一種として**ロバスト最適化**が行われるようになった．これは，パラメータ設計(タグチメソッド)として実施される「外乱に対する頑健性」を得る方法とは異なり，応答の非線形性(正しくは非直線性だが，以降慣習に沿って非線形性という)を利用して，「応答のピーキーな部分をなるべく避けて」特性値が安定する設計値を探す方法で，応答のピーキー度合いを新たな応答曲面関数として加えた多目的最適化が行われる．これについては第4章で説明する．ここで，「ピーキー」とは設計パラメータの変化に対する応答の変化度合いが急峻であることを意味している．これに対して応答の変化度合いがなだらかであることを「プラトー」だという．

1.2 種々の探索方法

最初に単目的最適化について説明する．

応答曲面関数が1つの因子 x の関数であれば，応答曲面関数の極値，あるいは x の存在範囲内での y の最大値あるいは最小値の探索問題となる．そのような探索の方法は，応答曲面関数の1階の導関数を0とおいて x の値を求めるか，関数が上凸か下凸かを見極めたうえで，導関数を利用した最大値・最小値の探索(ニュートン法)を行えばよい．

しかし，多因子の場合は簡単ではない．交互作用の影響で停留点(鞍点など)において導関数が0になるケースがあれば，さらには，因子ごとに上凸下凸が入り交じり，設計空間内のどこに最大値・最小値があるか先験的な見極めができないこともある．また，最適化のケースとして，y の最大化・最小化を狙う場合のほかに，最大値と最小値の間にある一定の目標値を狙う場合などがある．これらのケースでは，導関数が0になるという極値探索の方法で最適解

は求められない．

　そこで，最適化の分野ではこれらのケースに対応するためにさまざまな探索方法が考案されている．それらのほとんどが応答曲面関数に探索点の座標(x_1, …, x_i, …, x_p)を代入しながら応答を求めて評価を繰り返すという「探索的」な方法である．

　一番簡単な方法が**網掛け法**である．この方法は設計空間をその水準幅の1/10程度の細かな網の目状に分割し(p次元の網目となる)，網目のすべての交点において応答曲面関数から応答を求めたうえで，最も好ましい値となるものを選択する方法である．網掛け法は後述する多峰性の関数であっても局所最適に陥ることなく最適解を探索できる．ただし，この方法は因子数が多くなると網の目の数が因子数の累乗で増大し，計算負荷が増すために実用的ではない．探索を効率化するには最初の探索では粗めの網の目にて探索し，目的とする値に近いものが得られた後，それを与える(x_1, …, x_p)の近傍でさらに網の目を細かくして次の探索を繰り返す方法を採用すれば若干は計算時間が改善される．

1.3　ダウンヒル・シンプレックス法

　網掛け法に対し，効率的に望まれる解に収束できる方法として**ダウンヒル・シンプレックス法**(日本語風に呼ぶと**山登り法**)がある．ここで言及しておかなければならないのは，線形計画法におけるシンプレックス法とは異なるということである．ダウンヒル・シンプレックス法におけるシンプレックスとは，p次元空間における正多胞体のうち($p+1$)個の頂点をもつ正多胞体，すなわち正単体のことである．この正単体の頂点の座標を探索点として用いる方法である．

　探索の方法は以下のとおりである．まず，p次元設計空間内の1点を出発点とし，その点を頂点の一つとして含んだ小さなp次元正単体をつくる．次に各頂点の座標を応答曲面関数に代入することによって各頂点の応答を計算する．それらの応答と目標値とを比較して頂点のなかから最劣悪点を決める．最劣悪点を外すように隣接する正単体をつくる．これを鏡像反転という．最劣悪点を

外すような鏡像反転を繰り返すことにより目標値に収束し，最適解を与える頂点座標，すなわち設計最適解を得る．

p次元空間の鏡像反転は一見複雑な計算をともなうように思われるが，好都合なことに，最劣悪点を除いた頂点座標の平均値が鏡像反転の中心点となるので簡単な計算で済み，計算負荷も小さい．ただし，問題がないわけではない．前に述べたように下凸の関数において最大化を狙うケースでは変数空間の端部に最大値があったり，後述する多目的最適化では満足化関数が周辺より高くなっている所はいくつも存在したりする(これを多峰性という)．それらは局所最適(一番高い点ではないが周りに比較すると高い点)となっているので，もしかすると局所最適に向かって山登りするかもしれない．そのため，複数の出発点から探索を開始し探索経路を増やすなどの配慮が必要になる．さもないと，真の最適解ではなく局所最適解に収束する恐れがある．通常は因子数と同数程度の出発点(一般的には座標軸上の一方の端)から探索を開始する．

1.4 事例

1.4.1 事例の説明

次にStatWorksを用いた最適点探索の方法を説明する．事例としてRCカー(ラジコンカー)の設計最適化を取り上げる．このシミュレーターはWebから入手可能である．シミュレーターは，種々の設計パラメータが与えられたときに，RCカーがサーキットを周回する時間を出力する．一番小さい周回時間を与える設計パラメータを求めるという問題である．その差はコンマ何秒というわずかなものであるが，レースでは何周も周回するので，1回の周回時間は小さいほうが好ましい．手順は次のとおりである．

① すべての因子を取り上げ応答曲面用実験を組むと膨大な計画になるので，多数の因子のなかから詳細実験に持ち込む因子を絞り込む(これをスクリーニングという)．

② 詳細実験(応答曲面用実験)を行って，RCカーの諸元を最適にセッ

ティングする．

ただし，許されるシミュレーション回数は①②合わせて100回以下という制限を設ける．

RCカーでは，表1.1に示すような設計パラメータが与えられている．独立な因子は全14因子である．ここでは，簡単のためにギア比など離散値をとると思われる因子もすべて連続値と考えるものとする．

表1.1 RCカーの設計パラメータ

	種別	パラメータ名称	略号	最小値	最大値	中心値
独立因子	シャシー	車体重量(kg)	SZ	1.2	1.8	1.5
		タイヤのグリップ(G)	TG	1.28	1.92	1.6
		駆動輪荷重比	KH	0.8	1.2	1
		駆動輪直径(mm)	KC	56	84	70
		ギア比	GR	2.0	6.0	4.0
		ギア効率	GK	0.68	1.02	0.85
		ころがり抵抗係数	KT	0.0528	0.0792	0.066
		回転部分相当重量(kg)	KS	0.18	0.27	0.225
		ブレーキ時制動輪の浮き	SU	0.56	0.84	0.7
		後輪荷重	KK	0.4	0.6	0.5
	ボデー	抗力係数(CD)	CD	0.294	0.788	0.541
		前面投影面積(m^2)	ZT	0.0191	0.0224	0.02075
		前輪ダウンフォース係数(Clf)	ZD	−0.032	0.186	0.077
		後輪ダウンフォース係数(Clr)	KD	0.082	0.84	0.461

	種別	パラメータ名称	略号	計算式
従属因子	シャシー	ブレーキ時制動輪荷重	SK	SK = KK
		前輪荷重	ZK	ZK = 1 − KK
	ボデー	制動輪ダウンフォース係数(Cl)	SD	SD = KD

表 1.2 モーターの諸元

選択可能モーター	MR(最高回転数)	MT(最高静止時トルク)
マブチ 540 SH	16500	1.730
Johnson 540	18100	1.852
Sport-Tuned	21000	1.743
DynaRun-Stk	23700	1.980

モーターは表 1.2 に示す 4 種類があり，そのなかから選択する．どのタイミングでどうやってモーターを選択するかがポイントとなる．

モーターの選択方法により，次のような戦略が考えられる．

【戦略①】ポテンシャルの高いモーターを選択する戦略．

どんなセッティングでも平均的にタイムを出せるので，シャシーのセッティングを失敗するリスクが小さい．スクリーニングの方法は L_{32} で多水準系実験を組みモーター 4 種を割り付け選択する(主効果と交互作用の交絡なく主効果を正しく測定できる直交表として L_{32} を用いる．モーターは 4 水準なので 3 列を消費するが，残りの因子は 14 因子なので主効果が交互作用と交絡しない割付けが可能である)．L_{32} は 2 水準系計画なので，中心点を 1 点追加し著しい非線形性による要因効果の見落としを防止する．モーターを固定した後，効いている因子で詳細セッティングを行う．後半は 5〜6 因子の中心複合計画を使用する．

【戦略②】どんなセッティングでも平均的に速いモーターではなく，ピンポイントでよいから最速が出るモーターを選択する．つまり，いわゆるジャジャ馬のモーターを選択して，シャシーセッティングで使いこなす戦略．

14 因子とモーターの交互作用が大きいことが前提となる．スクリーニング方法は内側にモーター 4 種を割り付け，外側に 14 因子を割り付ける直積実験を用いる(直積実験は交互作用解析の定石である)．実験回数の制約から外側は外側因子間の交互作用の交絡を覚悟のうえで Plackett-Burmann 20 回を用いる(内側・外側で実験回数は 80 回となる)．解析方法としては，外側の分散が一

番大きいモーターを選択する(パラメータ設計とは真逆の考え方である).つまり,モーターは外乱と考える外側のシャシー・ボデーセッティングに対して一番交互作用が大きい,言い換えればロバスト最適ではなくロバスト最悪のものを選ぶというリスキーな戦略である.モーターを固定したら,外側の割付けを内側扱いして,効いている因子を選択する.このとき中心点を1回追加する.後半の詳細実験は4因子フルモデル(15回+誤差自由度4)のD最適計画(実験回数19回)を使用する.許される100回の試行をフル活用する.

【戦略③】戦略②はあまりにもリスキーなので,少し変更する.前半のモーターの選択で外側の20回の試行中に最速が出ているモーターをとりあえず選択し「手の内」を確保する.外側のセッティングの割付けは総当りではないので,真に最速になる組合せを見落としている可能性もあるが,逆に戦略②でレギュレーションの範囲内でジャジャ馬モーターを使いこなせないというリスクは減る.最適値探索は,最速条件の周辺探索とする.

1.4.2 戦略①の解析手順

まずは,【戦略①】について検討してみる.スクリーニング実験はStatWorksではメニューの[実験計画法]→[応答曲面法:応答曲面のための計画]→[2水準系]をクリックすることにより計画できる.ここでは戦略①で述べたように,交互作用があったとしても主効果が正しく測定できるよう直交表L_{32}を選択する.しかし,多水準系は立案できない.多水準系は2列を使用しその交互作用が出る列を遊ばせるという原則を知っていれば全16因子のレゾリューションⅣの割付けであり,手動で割り付けることができる.そこで,モーターを[1][2]に割付け[3]を遊び列とし,残りの因子を定石どおりに[4],[7],[8],[11],[13],[14],[16],[19],[21],[22],[25],[26],[28],[31]に割り付ける.StatWorksが表1.3のように割付表を生成するので,前出のシミュレーターにて実行し,結果をStatWorksにコピーする.ただし,L_{32}は2水準系の実験であり,設計空間の頂点しか見ない.そのため,中心点の実験を別途行っておき,強い2次効果による要因効果の見落としに備える.

表 1.3　割付表

割付列	[1][2]		入力値																			結果
因子	モーター	MR	MT	SZ	TG	KH	KC	GR	GK	KT	KS	SU	KK	CD	ZT	ZD	KD	ラプラス
1	マブチ 540 SH	16500	1.73	1.2	1.28	0.8	56	2	0.68	0.0528	0.18	0.56	0.4	0.294	0.0191	-0.032	0.082	16.3602
2		16500	1.73	1.2	1.28	0.8	56	2	0.68	0.0528	0.27	0.84	0.6	0.788	0.0224	0.186	0.84	15.7130
3		16500	1.73	1.2	1.28	1.2	84	6	1.02	0.0792	0.18	0.56	0.4	0.294	0.0224	0.186	0.84	15.8417
4		16500	1.73	1.2	1.28	1.2	84	6	1.02	0.0792	0.27	0.84	0.6	0.788	0.0191	-0.032	0.082	16.2328
5		16500	1.73	1.8	1.92	0.8	56	6	1.02	0.0528	0.18	0.56	0.6	0.788	0.0191	0.186	0.84	19.5630
6		16500	1.73	1.8	1.92	0.8	56	6	1.02	0.0528	0.27	0.84	0.4	0.294	0.0224	-0.032	0.082	19.1838
7		16500	1.73	1.8	1.92	1.2	84	2	0.68	0.0792	0.18	0.56	0.6	0.788	0.0224	-0.032	0.082	14.7447
8		16500	1.73	1.8	1.92	1.2	84	2	0.68	0.0792	0.27	0.84	0.4	0.294	0.0191	0.186	0.84	15.2049
9	Johnson 540	18100	1.852	1.2	1.92	0.8	84	2	1.02	0.0528	0.18	0.84	0.4	0.788	0.0191	0.186	0.082	13.1080
10		18100	1.852	1.2	1.92	0.8	84	2	1.02	0.0528	0.27	0.56	0.6	0.294	0.0224	-0.032	0.84	13.5265
11		18100	1.852	1.2	1.92	1.2	56	6	0.68	0.0792	0.18	0.84	0.4	0.788	0.0224	-0.032	0.84	17.4763
12		18100	1.852	1.2	1.92	1.2	56	6	0.68	0.0792	0.27	0.56	0.6	0.294	0.0191	0.186	0.082	17.4291
13		18100	1.852	1.8	1.28	0.8	84	6	0.68	0.0528	0.18	0.84	0.6	0.294	0.0191	-0.032	0.082	16.4318
14		18100	1.852	1.8	1.28	0.8	84	6	0.68	0.0528	0.27	0.56	0.4	0.788	0.0224	0.186	0.84	16.3671
15		18100	1.852	1.8	1.28	1.2	56	2	1.02	0.0792	0.18	0.84	0.6	0.294	0.0224	0.186	0.84	15.8794
16		18100	1.852	1.8	1.28	1.2	56	2	1.02	0.0792	0.27	0.56	0.4	0.788	0.0191	-0.032	0.082	16.2323
17	Sport-Tuned	21000	1.743	1.2	1.28	0.8	84	6	1.02	0.0792	0.18	0.56	0.4	0.788	0.0224	0.186	0.082	13.4233
18		21000	1.743	1.2	1.28	0.8	84	6	1.02	0.0792	0.27	0.84	0.6	0.294	0.0191	-0.032	0.84	13.3772
19		21000	1.743	1.2	1.28	1.2	56	2	0.68	0.0528	0.18	0.56	0.4	0.788	0.0191	0.186	0.84	13.0311
20		21000	1.743	1.2	1.28	1.2	56	2	0.68	0.0528	0.27	0.84	0.6	0.294	0.0224	-0.032	0.082	13.0420
21		21000	1.743	1.8	1.92	0.8	84	2	0.68	0.0792	0.18	0.56	0.6	0.294	0.0224	-0.032	0.84	16.2033
22		21000	1.743	1.8	1.92	0.8	84	2	0.68	0.0792	0.27	0.84	0.4	0.788	0.0191	0.186	0.082	16.1399
23		21000	1.743	1.8	1.92	1.2	56	6	1.02	0.0528	0.18	0.56	0.6	0.294	0.0191	-0.032	0.082	16.8503
24		21000	1.743	1.8	1.92	1.2	56	6	1.02	0.0528	0.27	0.84	0.4	0.788	0.0224	0.186	0.84	17.9126
25	DynaRun-Stk	23700	1.98	1.2	1.92	0.8	56	6	0.68	0.0792	0.18	0.84	0.6	0.788	0.0224	-0.032	0.082	16.0452
26		23700	1.98	1.2	1.92	0.8	56	6	0.68	0.0792	0.27	0.56	0.4	0.294	0.0191	0.186	0.84	15.9110
27		23700	1.98	1.2	1.92	1.2	84	2	1.02	0.0528	0.18	0.84	0.6	0.788	0.0191	0.186	0.84	15.3641
28		23700	1.98	1.2	1.92	1.2	84	2	1.02	0.0528	0.27	0.56	0.4	0.294	0.0224	-0.032	0.082	17.4420
29		23700	1.98	1.8	1.28	0.8	56	2	1.02	0.0528	0.18	0.84	0.4	0.294	0.0224	0.186	0.84	13.3333
30		23700	1.98	1.8	1.28	0.8	56	2	1.02	0.0528	0.27	0.56	0.6	0.788	0.0191	-0.032	0.082	13.4311
31		23700	1.98	1.8	1.28	1.2	84	6	0.68	0.0792	0.18	0.84	0.4	0.294	0.0191	-0.032	0.082	13.1437
32		23700	1.98	1.8	1.28	1.2	84	6	0.68	0.0792	0.27	0.56	0.6	0.788	0.0224	0.186	0.84	12.8185
中心値		20100	1.855	1.5	1.6	1	70	4.0	0.85	0.066	0.225	0.7	0.5	0.541	0.0208	0.077	0.461	14.1870

注1)　[1] [2] の割付けは手動で作成した．
注2)　中心値を除く全平均=15.530，誤差分散=3.559（シミュレーションなのでプーリングせず）．

1.4 事例

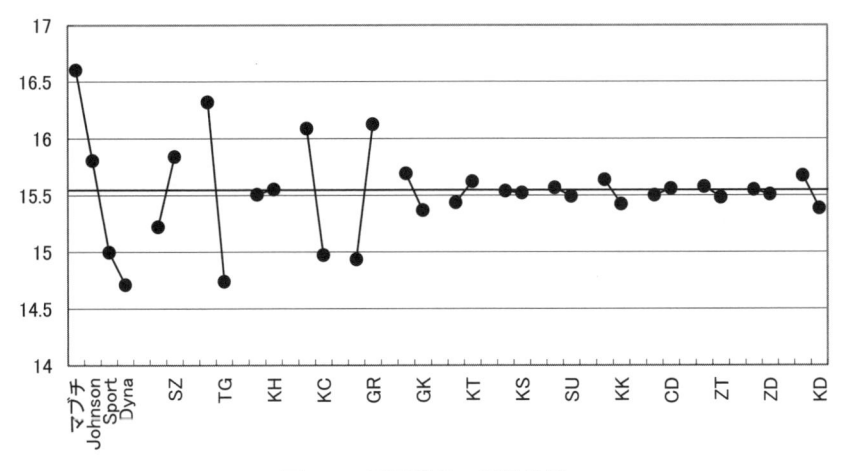

図1.1 要因効果の解析結果

解析結果を要因効果図で示すと，図1.1のようになった．

図1.1より，モーターはDynaRun-Stkを選択する．モーター以外の因子効果も同時に求められるので因子のスクリーニングを行う．全平均は15.53であるのに対し別途行った中心点の観測結果は14.19であるので，非線形性が出ている可能性がある．そこで，中心点について誤差を求め，当てはまりの悪さを確認する必要がある．L_{32}の実験点が1次の成分だけで説明され全平均が中心値であれば，L_{32}の観測と中心点1点の観測の比較を行ったとき差が有意ではない，ということを見ればよい．誤差分散Sは周辺と中心点では繰返し数不揃いであるので調和平均を使用して，式(1.1)のように計算する．

$$S = \frac{32 \times 1}{32+1}(15.530 - 14.187)^2 = 1.749 \tag{1.1}$$

この値は，L_{32}実験の誤差分散3.559に比較して小さく，観測される幅に対して中心点が含まれることを示す．そこで2次の効果はないと考えられる．2次の効果の存在が疑われる場合は，一つひとつ散布図を確認し疑わしい因子を追加するなどの配慮が必要である．

各因子を要因効果(分散)の大きい順に並べてみると，図1.2のようになっ

図1.2　要因効果(分散)の大きさ

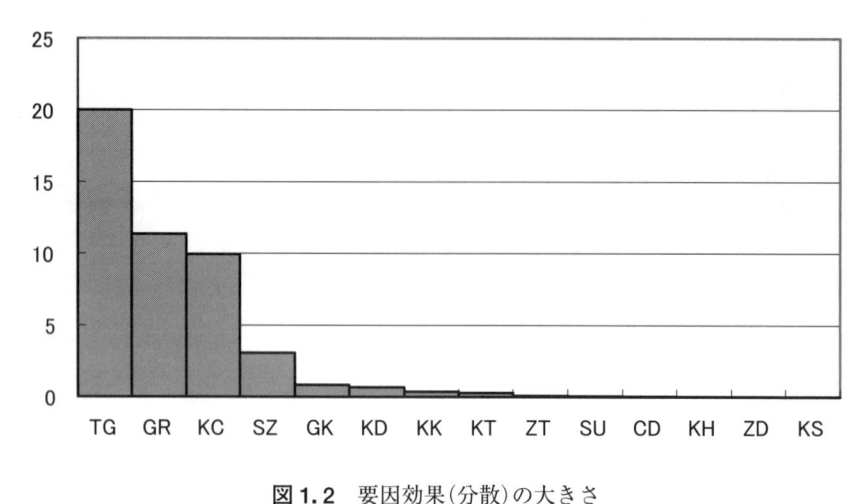

た．**図1.2**より，要因効果の大きな因子を選択して，次のステップである応答曲面関数による最適化に進む．

応答曲面用計画を立案するには，メニューの[実験計画法]→[応答曲面法：応答曲面のための計画]をクリックして[中心複合計画]を選択する．4因子であればBox-Behnken計画のほうが効率的ではあるが，中心点を4回繰り返す必要があり，シミュレーションには不向きであるので中心複合計画を使用する．5因子以上であれば中心複合計画が効率的である．今，スクリーニングのステップで33回の実験を行ったので，残り67回の実験が許される．そこで6因子の中心複合計画を用いることとする．因子はTG，GR，KC，SZ，GK，KDを取り上げる．GK，KDは誤差分散に埋もれているが，シミュレーションは偶然誤差を含まないので誤差分散との比較はあまり意味がない．そこでこれらも検討対象として取り上げる．

中心複合計画には，いくつかの設定が必要である．まず**図1.3**に示す設定メニューの左側を設定する．これは星点距離αの設定である．シミュレーションでは変数の設定範囲を超えると暴走する懸念があるため，星点を「面中心」としてパラメータの設定範囲を超えないようにする．次に**図1.3**の右側

1.4 事 例

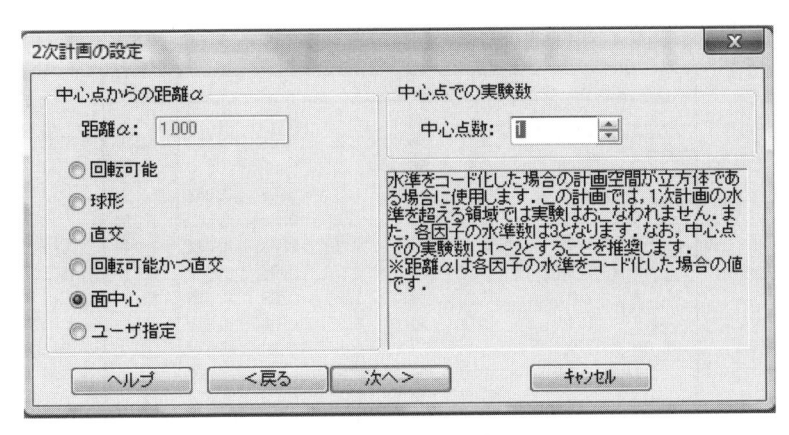

図1.3 中心複合計画の設定メニュー

を設定する．これは中心点の繰返しの設定である．シミュレーションでは繰返しは同じ値しか得られず，中心点の繰返しは無意味なので「中心点数」は1とする．このとき，中心複合計画は直交しなくなり，2次項間に交絡が現れることに注意が必要である．

　生成された計画にもとづき，シミュレーションを行う．このとき，取り上げなかった因子の水準は中心に固定する．要因効果図を活用して，より良い水準にしたいという考え方もあるが，残りの因子にはほとんど要因効果がないことや交互作用や非線形性の存在を考慮すると，中心値を用いるのが無難である．中心複合計画の割付けをシミュレーション結果とともに表1.4に示す．

　ここから，最適化に進む．まず，ラップタイムの応答曲面関数を求める．メニューの[実験計画法]→[応答曲面法：1特性の最適化]をクリックする．[変数の指定]画面で2次のフルモデルを指定して関数をフィットする．次に[最適化]のタブをクリックし，リボンバーに現れる一連の選択メニューのなかから[最適化(自動)]をクリックする．すると特性値の種類を聞いてくるので[望小特性]を指定して最適化を開始する．予測される最適値は12.60秒であった．

　最適化した結果の応答曲面を図1.4に示す．念のため，再現テストを行ったところ，指定された条件でのラップタイムは，12.75秒であった．応答曲面

表1.4 中心複合計画の割付けとシミュレーション結果

No	TG	GR	KC	SZ	GK	KD	結果
1	1.28	2	56	1.2	0.68	0.082	16.24
2	1.92	2	56	1.2	0.68	0.840	12.95
3	1.28	6	56	1.2	0.68	0.840	15.91
4	1.92	6	56	1.2	0.68	0.082	14.31
5	1.28	2	84	1.2	0.68	0.840	15.84
6	1.92	2	84	1.2	0.68	0.082	13.44
7	1.28	6	84	1.2	0.68	0.082	16.15
8	1.92	6	84	1.2	0.68	0.840	12.95
9	1.28	2	56	1.8	0.68	0.840	15.92
10	1.92	2	56	1.8	0.68	0.082	13.50
11	1.28	6	56	1.8	0.68	0.082	16.51
12	1.92	6	56	1.8	0.68	0.840	14.54
13	1.28	2	84	1.8	0.68	0.082	16.61
14	1.92	2	84	1.8	0.68	0.840	13.98
15	1.28	6	84	1.8	0.68	0.840	15.81
16	1.92	6	84	1.8	0.68	0.082	13.39
17	1.28	2	56	1.2	1.02	0.840	15.50
18	1.92	2	56	1.2	1.02	0.082	13.03
19	1.28	6	56	1.2	1.02	0.082	16.28
20	1.92	6	56	1.2	1.02	0.840	13.92
21	1.28	2	84	1.2	1.02	0.082	16.19
22	1.92	2	84	1.2	1.02	0.840	12.89
23	1.28	6	84	1.2	1.02	0.840	15.45
24	1.92	6	84	1.2	1.02	0.082	13.04
25	1.28	2	56	1.8	1.02	0.082	16.19
26	1.92	2	56	1.8	1.02	0.840	12.96
27	1.28	6	56	1.8	1.02	0.840	15.92
28	1.92	6	56	1.8	1.02	0.082	14.23
29	1.28	2	84	1.8	1.02	0.840	15.86
30	1.92	2	84	1.8	1.02	0.082	13.33
31	1.28	6	84	1.8	1.02	0.082	16.10
32	1.92	6	84	1.8	1.02	0.840	12.97
33	1.28	4	70	1.5	0.85	0.461	15.73
34	1.92	4	70	1.5	0.85	0.461	12.92
35	1.60	2	70	1.5	0.85	0.461	14.21
36	1.60	6	70	1.5	0.85	0.461	14.19
37	1.60	4	56	1.5	0.85	0.461	14.10
38	1.60	4	84	1.5	0.85	0.461	14.09
39	1.60	4	70	1.2	0.85	0.461	13.97
40	1.60	4	70	1.8	0.85	0.461	14.16
41	1.60	4	70	1.5	0.68	0.461	14.16
42	1.60	4	70	1.5	1.02	0.461	14.01
43	1.60	4	70	1.5	0.85	0.082	14.37
44	1.60	4	70	1.5	0.85	0.840	14.06
45	1.60	4	70	1.5	0.85	0.461	14.08

1.4 事例

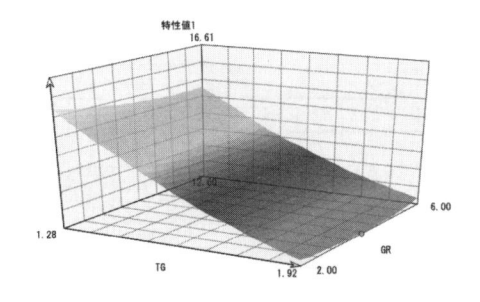

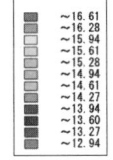

目的変数	予測値
特性値1	12.60153

説明変数	水準
TG	1.920000
GR	3.92487
KC	84.0000
SZ	1.20000
GK	1.020000
KD	0.6112714

図 1.4 最適化結果

関数の予測値は若干良い側に見積もっているが，数％程度の差は推定誤差の範囲内である．

最適化による戦略①の成績は 12.75 秒となる．

1.4.3 戦略②の解析手順

次に【戦略②】について検討してみる．スクリーニング実験として，内側に一元配置，外側に Plackett–Burmann という直積配置の計画を立案したいが，StatWorks のパラメータ設計のルーチンを使用しても，そのような計画は立案できない．そこで，外側の計画だけを応答曲面法のスクリーニング実験のルーチンを使い立案する．内側は一元配置なのでソフトに頼る必要はない．立案した計画は，表 1.5 のようになる．表 1.5 はシミュレーション結果も記入してある．

表 1.5 より，モーターごとに分散を計算する．その結果は表 1.6 のようになる．

表 1.6 より，マブチ 540 SH が一番分散が大きく，シャシー・ボデーセッティングに対してピーキーなジャジャ馬モーターだとわかる．戦略②ではこのモーターを選択する．次にこのモーターを使用したときの特性値を用いて，外側の割付けを内側と見立てて解析を行う．先程使用した応答曲面法のスクリー

表1.5 内側一元配置, 外側

No	1	2	3	4	5	6	7	8	9
SZ	1.8	1.8	1.2	1.2	1.8	1.8	1.8	1.8	1.2
TG	1.28	1.92	1.92	1.28	1.28	1.92	1.92	1.92	1.92
KH	1.2	0.8	1.2	1.2	0.8	0.8	1.2	1.2	1.2
KC	84	84	56	84	84	56	56	84	84
GR	2	6	6	2	6	6	2	2	6
GK	0.68	0.68	1.02	1.02	0.68	1.02	1.02	0.68	0.68
KT	0.0528	0.0528	0.0528	0.0792	0.0792	0.0528	0.0792	0.0792	0.0528
KS	0.18	0.18	0.18	0.18	0.27	0.27	0.18	0.27	0.27
SU	0.84	0.56	0.56	0.56	0.56	0.84	0.84	0.56	0.84
KK	0.4	0.6	0.4	0.4	0.4	0.4	0.6	0.6	0.4
CD	0.788	0.294	0.788	0.294	0.294	0.294	0.294	0.788	0.788
ZT	0.0191	0.0224	0.0191	0.0224	0.0191	0.0191	0.0191	0.0191	0.0224
ZD	0.186	-0.032	0.186	-0.032	0.186	-0.032	-0.032	-0.032	-0.032
KD	0.84	0.84	0.082	0.84	0.082	0.84	0.082	0.082	0.082
マブチ 540 SH	16.59	14.75	18.26	16.00	17.44	18.96	13.33	16.53	14.67
Johnson 540	16.36	13.98	16.85	15.96	17.10	17.18	13.19	15.40	14.04
Sport-Tuned	16.39	13.57	15.13	15.97	17.02	15.17	13.17	15.63	13.58
DynaRun-Stk	16.15	13.22	14.05	15.91	16.91	14.03	13.08	14.48	13.28

表1.6 モーターごとの平均と分散

	平均	分散
マブチ 540 SH	16.34	5.287
Johnson 540	15.65	3.211
Sport-Tuned	15.17	2.240
DynaRun-Stk	14.76	2.152

ニングのメニューから解析に入り，各因子の要因効果を計算する．StatWorksでは，スクリーニング実験であっても重回帰分析を行うので，要因効果は各水準値を代入することで求める必要がある．なお，スクリーニングでは標準偏回帰係数を比較してもよい（フルモデルの応答曲面のときは標準偏回帰係数を要

1.4 事例

Plackett-Burmann 計画

10	11	12	13	14	15	16	17	18	19	20
1.8	1.2	1.8	1.2	1.2	1.2	1.2	1.8	1.8	1.2	1.2
1.28	1.92	1.28	1.92	1.28	1.28	1.28	1.28	1.92	1.92	1.28
1.2	0.8	1.2	0.8	1.2	0.8	0.8	0.8	0.8	1.2	0.8
84	84	56	84	56	84	56	56	56	56	56
6	6	6	2	6	2	6	2	2	2	2
1.02	1.02	1.02	1.02	0.68	1.02	0.68	1.02	0.68	0.68	0.68
0.0528	0.0792	0.0792	0.0792	0.0792	0.0528	0.0792	0.0528	0.0792	0.0528	0.0528
0.18	0.18	0.27	0.27	0.27	0.27	0.18	0.27	0.18	0.27	0.18
0.84	0.56	0.56	0.84	0.84	0.84	0.84	0.56	0.84	0.56	0.56
0.6	0.6	0.4	0.4	0.6	0.6	0.6	0.6	0.4	0.6	0.4
0.294	0.788	0.788	0.294	0.294	0.788	0.788	0.788	0.788	0.294	0.294
0.0224	0.0191	0.0224	0.0224	0.0191	0.0191	0.0224	0.0224	0.0224	0.0224	0.0191
0.186	0.186	−0.032	0.186	0.186	−0.032	−0.032	0.186	0.186	0.186	−0.032
0.082	0.84	0.84	0.082	0.84	0.84	0.082	0.082	0.84	0.84	0.082
16.11	14.14	19.82	13.39	20.21	15.81	20.73	16.14	14.54	13.08	16.36
15.96	13.46	18.44	13.33	18.11	15.76	18.51	16.08	14.00	12.93	16.32
15.84	12.89	17.06	13.34	16.61	15.77	17.14	16.07	13.93	12.89	16.31
15.70	12.65	16.32	13.27	15.77	15.68	16.44	15.99	13.38	12.71	16.25

因効果と同じと考えてはいけない). また, 戦略②では最初の実験で中心点の追加を行うと, 全体で 4 回の試行が必要であるので追加せず, モーター固定後のこの時点で中心点を追加し検討に加えた. 各因子を要因効果(標準偏回帰係数の絶対値)の大きい順に並べてみると, 図1.5のようになる. これより TG, GR, KC, ZT を選択し, 次のステップである応答曲面関数による最適化に進む.

　応答曲面用計画を立案するには, メニューから[実験計画法]→[応答曲面法:応答曲面のための計画]をクリックして[D最適計画]を選択する. 総実験数を 19 として計画を立案する. 生成された計画にもとづき, シミュレーションを行って結果を記入する. ここから後は, 戦略①と同じである. 予測される最適値は 12.79 秒であった.

図 1.5 各因子の標準偏回帰係数の大きさ

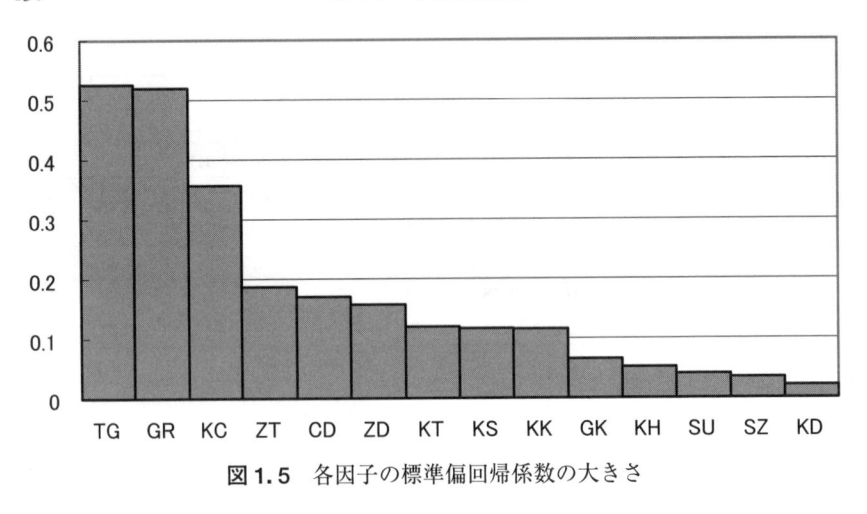

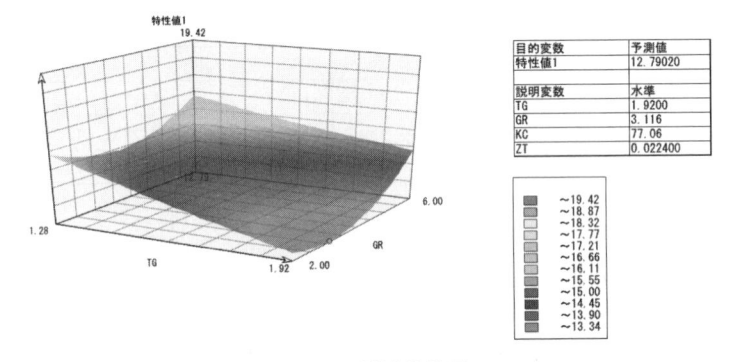

図 1.6 最適化結果

最適化した結果の応答曲面を図 1.6 に示す．念のため，再現テストを行ったところ，この条件でのラップタイムは，13.30 秒であった．

最適化による戦略②の成績は 13.30 秒となる．

1.4.4 戦略③の解析手順

最後に【戦略③】について検討してみる．戦略③は，とりあえず最速が出せるモーターを手の内化するという戦略であった．表 1.5 より，モーターごと

1.4 事例

の最速値を抽出する．その結果は**表1.7**のようになる．（**表1.7**において，前節での13.30秒（マブチ使用）という最適化結果がスクリーニング実験の結果13.08秒より悪いという現象の考察は後ほど行う．）

表1.7 モーターごとの最速値

	最速値
マブチ 540 SH	13.08
Johnson 540	12.93
Sport-Tuned	12.89
DynaRun-Stk	12.65

表1.7より，モーターをDynaRun-Stkにすれば，この時点で最速が得られることがわかった．戦略③ではこのモーターを選択する．次にこのモーターを使用したときの特性値を用いて，外側の割付けの解析を行う．各因子を要因効果（標準偏回帰係数の絶対値）の大きい順に並べてみると，**図1.7**のようになる．**図1.5**と**図1.7**を比較すると，このモーターはTG（タイヤグリップ）と大きな交互作用があることがわかる．**図1.7**よりTG，KK，KD，SZを選択し，

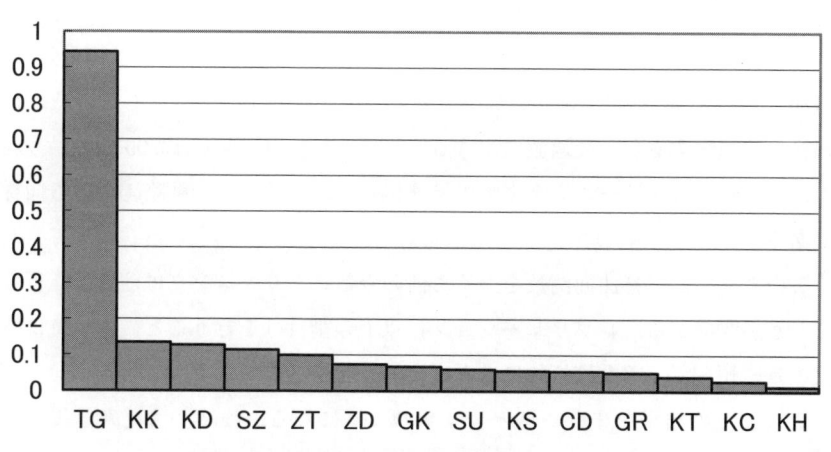

図1.7 各因子の標準偏回帰係数の大きさ

次のステップである最速値周辺の応答曲面関数による最適化に進む．

選択された各因子の最速値を出した値は，TG = 1.92，KK = 0.6，KD = 0.84，SZ = 1.2 である．これらは 2 水準系実験のため端の値となっている．そこで，これらの値と中心値との範囲を探索範囲として当初の設計空間より狭い領域で応答曲面関数をつくる．

予測される最適値は 12.77 秒であった．念のため，再現テストを行ったところ，指定された条件でのラップタイムは，12.77 秒であった．

最適設計値による成績は 12.77 秒となる．

1.4.5 まとめ

以上の解析より，戦略①による最適化が一番良い結果を与えたが，これは選択されたモーター(DynaRun-Stk)が，いろいろな条件で使用でき，かつポテンシャルも高いモーターであるためと考えられる．ただし疑問も残った．戦略②は表 1.7 に見られるスクリーニング実験の実験点の成績(13.08 秒)に比較して最適化後の成績(13.30 秒)が悪いのである．この原因は，応答関数の説明力の低さ，すなわちスクリーニングの失敗にあると考えられる．Plackett-Burmann は交互作用の交絡により本来の効果を相殺してしまい効果の大きい因子を見落とすことがある．本事例もそれが影響していると考えられる．

そこで，戦略②において，図 1.2 で効果の大きかった因子 SZ(車体重量)を追加して D 最適計画(実験回数 30 回)で応答曲面関数をつくり直してみた．詳細結果は割愛するが，最適値における実シミュレーションで 13.09 秒という結果が得られ，スクリーニング実験の最速値とほぼ一致した．戦略①③でも同様である．

このように，応答曲面関数をつくる前の変数スクリーニングは注意深く行うことが必要である．レゾリューションⅣ以上の割付けを行うこと．さらには実験のみに頼らず，固有技術的にも考慮することが必要である．

これまでの結果をまとめると表 1.8 のようになる．戦略②は見直し後の結果である．

1.4 事例

表1.8 各戦略の成績と設定値（空欄は中央値）

ケース	モーター	成績	TG	GR	KC	SZ	GK	KD	ZT	KK
戦略①	DynaRun	12.75秒	1.92	3.925	84.0	1.2	1.02	0.611		
戦略②	マブチ	13.09秒	1.92	3.169	78.65	1.2			0.019	
戦略③	DynaRun	12.77秒	1.92			1.2		0.84		0.6

Ⅳ ロバスト最適化

第2章　多目的最適化

2.1　多目的最適化とは

　前章で，単目的の最適化手法について述べた．これは満足すべき特性値すなわち応答曲面関数が一つのみの場合の設計最適解の求め方であった．では，満足すべき特性値が複数ある場合はどうすればよいのだろうか．なお，このとき満足すべき特性値それぞれについて独立な応答曲面関数が求められているとする．

　その一つとして，特性値を1個ずつ最適化していく方法がある．これを**逐次最適化**(Sequential Optimization)という．逐次最適化は優先すべき特性値がある場合に用いられる方法である．ただし一般的ではない．なぜなら，一つの特性値について最適化するたびに，設計変数間に強い線形制約が掛かって不定解に陥り，やがては解がなくなってしまうからである．逐次最適化において，解がなくなった場合は，優先すべき特性値のみを最適化して，残された特性値の最適化は諦めることになる．

　他方，すべての特性値の目標を同時に満たす設計最適解を探索する方法がある．これを**多目的同時最適化**(Multi Objective Optimization)という．現在，この方法が多くのケースで一般的に実施されている．しかしながら，同時にすべての目標を満たすことは通常あり得ないから，同時にほど良く目標に近い解を求めることになる．具体的には，多目的同時最適化を行った最適解は，各応答曲面関数の単独の最適解に対して若干ずつ乖離することになる．逆の視点から見ると，例えばその乖離の2乗値を最小化するよう探索を行えば最適化が達成

される．このように，乖離が大きくなればなるほど，それに対して2乗のペナルティを掛けるなどして，それらの合算値の最小化を図る方法を「罰金法」ともいう．罰金額が一番小さい設計が最適設計だとする考え方である．

2.2 統合指標を用いた最適化

多目的同時最適化を行うためには前節で述べた乖離のような指標が必要になる．これを罰金(Penalty)あるいは満足度(Desirability)という．罰金の場合はその最小化，満足度であればその最大化を図るよう探索を行うことになる．

ただし，すべての特性値について乖離の和などをとる**統合指標**は探索点ごとにその都度計算する必要がある．言い換えれば，統合指標をあらかじめ少ない実験点について一括して計算し，その応答曲面関数を求め，それを元に単目的最適化を行う方法は成立しないのである．同じ理由で，田口のSN比も応答曲面近似して最適化を図ることはできない．その理由は次のとおりである．一般に多目的最適化を行うとき，特性値ごとに設計最適解は異なる．つまり，異なる箇所にピークが存在している．そのため，それらの算術和である統合指標はいろいろな箇所にピークがある．すなわち多峰性を有している．したがって，2次の応答曲面では近似できないのである．もう一つの理由に，統合指標は正規分布に従わないため，重回帰分析を行うことが適切ではないという理由もある．

多目的最適化は，統合指標を用いて最適解探索を行うのが一般的であるが，統合指標を用いない多目的同時最適化もある．それは一方の特性値を満たすように最適化すると，もう一方の特性値が犠牲になるような**トレードオフ**になるようなケース(これをパレート最適という)に適用される方法である．トレードオフ曲線というものがあったとすると，その曲線上では満足度は一定の値となってしまうことがあるので，それを指標にした最適解探索ができない場合がある．このようなケースについては，遺伝的アルゴリズムなどの探索方法が用いられる．パレート最適については**第3章**で説明する．

2.3 探索指標・統合指標の定義

2.3.1 探索指標

この節では，多目的最適化に用いられる最適解の探索指標について説明する．

探索指標は，多目的最適化において各特性値の単位や桁数を基準化する関数として用いられる．一般的に用いられる探索指標は Derringer & Suich (1980) らの提案した満足化関数である．これは，1つの特性値 $y_{(t)}(x)$ の最適解あるいはターゲット値を $m_{(t)}$ としたとき，式(2.1)のような関数で定義される．

$$D_{(t)}(x) = \begin{cases} 0 & U_{(t)} < \hat{y}_{(t)}(x) \\ \left(\dfrac{U_{(t)} - \hat{y}_{(t)}(x)}{U_{(t)} - m_{(t)}} \right)^{\nu_1} & m_{(t)} < \hat{y}_{(t)}(x) \leq U_{(t)} \\ 1 & \hat{y}_{(t)}(x) = m_{(t)} \\ \left(\dfrac{\hat{y}_{(t)}(x) - L_{(t)}}{m_{(t)} - L_{(t)}} \right)^{\nu_2} & L_{(t)} \leq \hat{y}_{(t)}(x) < m_{(t)} \\ 0 & \hat{y}_{(t)}(x) < L_{(t)} \end{cases} \qquad (2.1)$$

ここで，ν_1，ν_2 は乖離に応じたペナルティを与える時の関数形を与えている．Derringer & Suich の方法には1つ欠点がある．乖離に応じて2乗のペナルティを与えようとしてもうまくできない．それは関数形が満足度0を基準としているためである．2乗のペナルティを与える意味は，2次関数の形から説明できる．それは，最適値周辺では1次関数よりもペナルティが小さく許容される傾向になり，一方，乖離が大きくなるとペナルティは2乗で大きくなり許容しない傾向になる．このように，2乗のペナルティは乖離の大きなものを許さないという目的のほかに最適値近傍で許容幅をもたせる意味もある．

StatWorks で乖離に応じた2乗のペナルティに近い関数形をつくり出す具体的な設定例を設定画面を用いて説明する．事例は，第4章で説明する RC カーのロバスト最適化の事例の一場面である．

まず，特性値の種類を「望小」に切り替えなければならない．最大値側の設定は「これ以上悪くなるケースは，総合満足度を0にして避けたい」という設

定時に用いる．今，仮に 15 秒としてみた．狙いとする最小値は 10 秒とし，10 秒からの乖離に応じて 2 乗のペナルティを与えたい．「感度」がその役目を担うが，ここを「2」にすると，15 秒以上のケースの 0 を基準に，そちらから 2 次曲線をつくってしまう．それでは意味がない．そこで，感度を 0.2 程度に設定すると図 2.1 のようなペナルティ曲線となる．

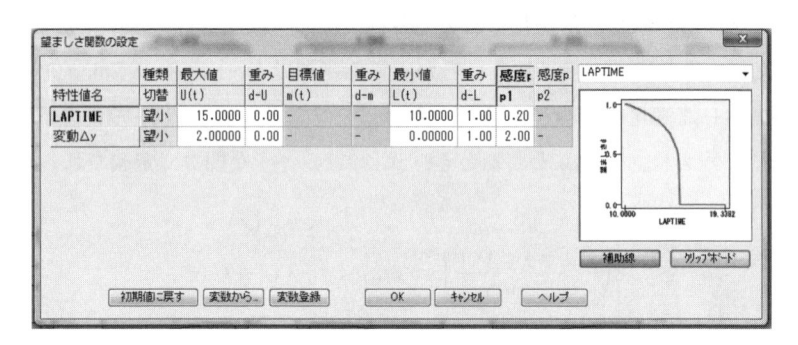

図 2.1 StatWorks における望ましさ度の設定

このように作成した探索指標(単位や桁の違いを一定の基準でそろえた指標)を合算あるいは積をとって統合指標とする．そして統合指標を最小化あるいは最大化するよう探索すれば最適解に到達することができる．これまでに説明した設計空間から探索指標に変換されるまでの経緯を図 2.2 に示す．

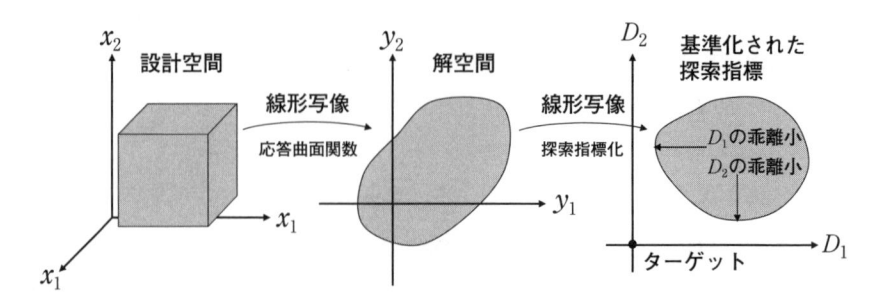

図 2.2 設計空間から探索指標に変換される過程

2.3.2 統合指標

統合指標のつくり方にはいくつかあるが,StatWorks は以下で説明する「乖離の2乗和」と等価の指標を使用している.以下,統合指標のつくり方について説明する.

(1) 和(線形制約式)

ターゲット値から各特性値が満足すべき制約平面(n 次元空間中の超平面)に下ろした法線の長さを最小化しようという考え方である.特性値間に満足すべき線形制約式がある場合にのみ使用する.その他のケースでは使用すべきではない.

$\mu+3\sigma$ を統合指標にしてロバスト最適化(望小特性)を行っている事例を見かけるが,2乗和($\mu^2+\sigma^2$)に対して甘くなっている.

(2) 乖離の2乗和

最小2乗法やパラメータ設計など統計的な乖離の評価における基本的な指標である.n 次元の解空間における特性値の,ターゲット値からの基準化された空間的乖離のユークリッド距離を最小化しようという考え方である.平方根をとると,ターゲット値と現在の特性値の間につくられる超直方体の対角線の長さになる.統合指標のなかでは一番厳しい.

StatWorks は満足度の「積」を指標にしているが,次項で述べる乖離の積とは異なる.満足度の積をとり最大化を行うことは,乖離の2乗和の最小化とほぼ等価となる(図 2.3).

満足度の積をとることによって,強い条件(選択してはならないケース)があるとき,そのようなケースを満足度0とおくことで総合満足度を0にできるので,それらを選択されないようにすることができる.これは和では実現できない.また,ある特性のターゲット値が大きく離れているときは,この特性の基準化された乖離を小さくすることができないために2乗和はおよそ1に漸近し

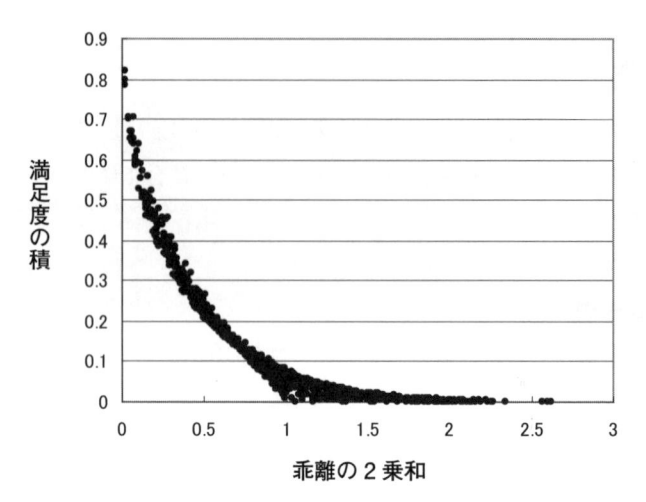

図 2.3　乖離の 2 乗和と満足度の積の関係
（一様乱数によるシミュレーション（$n = 1000$））

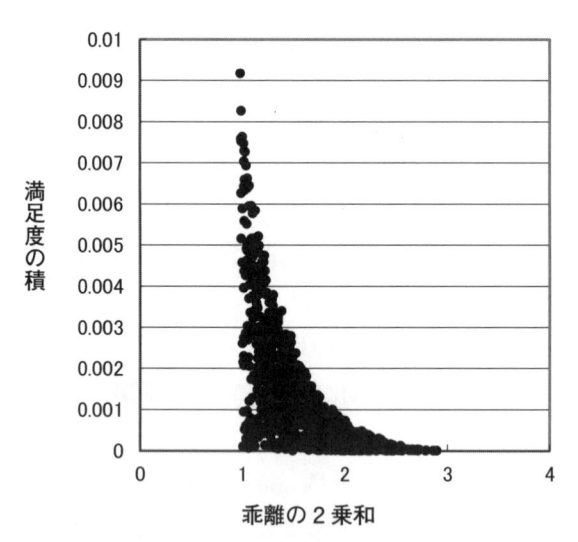

注）　乖離の 2 乗和は基準化した乖離 1 に漸近した時点で探索が止まるが，満足度の積はそのなかから最適値を探索できる．

図 2.4　1 つの特性値がターゲット値と大きな乖離があるケース
（一様乱数によるシミュレーション（$n = 1000$））

2.3 探索指標・統合指標の定義

た時点で探索が止まってしまうが，満足度の積はそれに引きずられることなく探索を続ける(**図2.4**)．ただし，そのような特性値が無視される(どんな値をとっても評価とは無関係となる)ことに注意が必要である．それらは，別途，適切な値に決めてやる必要がある．

(3) 乖離の積(幾何平均(相乗平均))

n 次元の解空間における特性値の，ターゲット値からの空間的乖離(非負)のモーメントを最小化しようという考え方である．一部の最適化ソフトが採用している．モーメントというのは，乖離の大きさを体積(＝重量)として捉えているからである．

乖離の積(幾何平均)は，乖離の対数の算術平均と等価である．

幾何平均は，上で述べたように，2乗和に比較し大きな外れ値に引きずられることがないため，各特性値の改善効果をより反映できる．つまり，改善が進まない特性値やターゲット値から大きく離れている特性値があっても，改善で

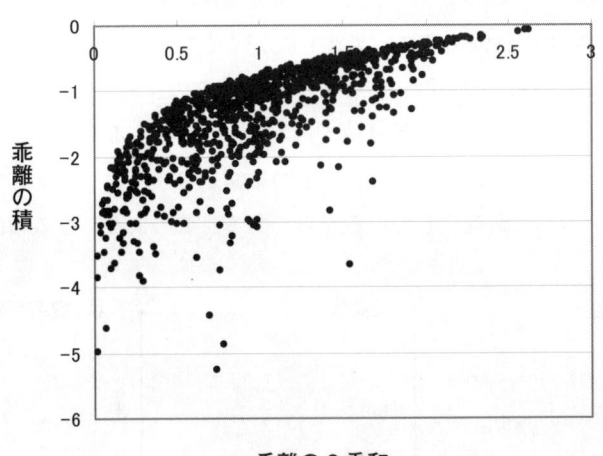

注) ターゲットからの乖離が大きいにもかかわらず，乖離の積が極小となるケースがある．

図 2.5 乖離の2乗和と乖離の積の関係
(一様乱数によるシミュレーション($n = 1000$))

きる特性値を用いて最適化を進めることができる．

一方，特性値のいずれかが乖離0に近くなると，全体の乖離を小さく見積もる危険がある(図2.5)．先にあげた最適化ソフトでは，各特性値の許容限界における乖離を1に基準化することで解決している．

乖離の積は，n 乗根をとると，ターゲット値と現在の値の間につくられる超直方体を同体積の超立方体に換算したときの1辺の長さになる．

2.4　どの統合指標を用いるか

どの統合指標を用いるかによって選択される最適値が異なるので注意が必要である．

現在の解空間の外側にターゲット値があるケースでは「乖離の2乗和の最小化」が好ましい．このケースでの最適点 O の選択のされ方を図2.6に示す．乖離の積(幾何平均)を用いた場合の最適値 O_3 は，改善できるものを優先した結果であるが，ターゲット値に近いとは考えにくい．また，許容幅を設けることによって見かけ上のパレートが発生する可能性もある．

一方，1つ以上の特性値のターゲット値が現在の解空間の内側に存在するケースでは「乖離の積(幾何平均)」が好ましい．このケースでの最適点 O の選択のされ方を図2.7に示す．最適値 O_3 は設計者の考える現実的な解に一致する．この解は，とりあえず満足できるものは満足させて，そのうえで他の特性値を一番良い方向に最適化しているからである．このようになるのは，幾何平

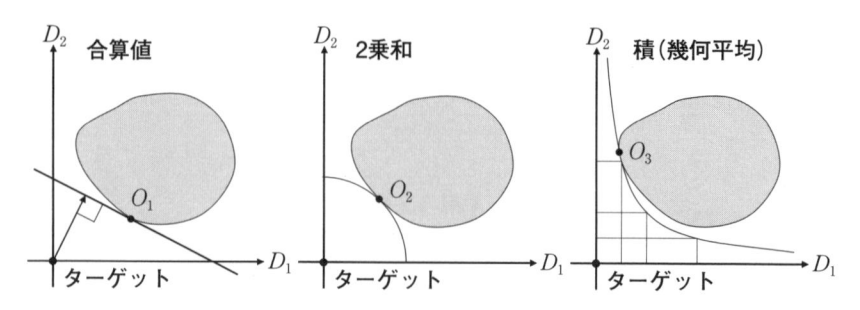

図2.6　指標化された探索指標(解空間)の外にターゲット値がある場合

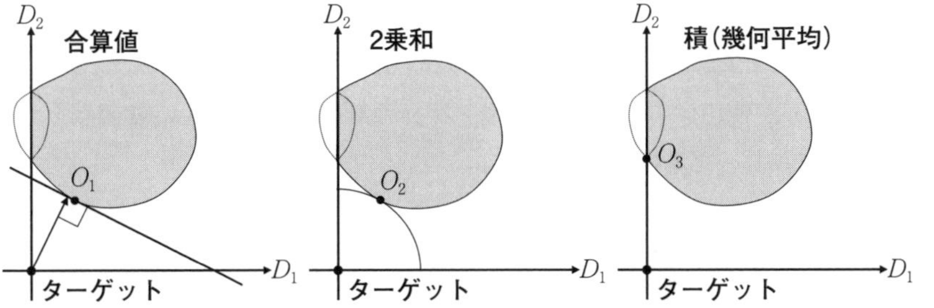

注)　ターゲットからの乖離は非負とするため第1象限に折り返されている.

図 2.7　指標化された探索指標(解空間)の内側にターゲット値がある場合

均を用いると，ターゲット値を満足することが優先されるからである．ただし，D_1＝(ターゲット値)となる線上はすべて(乖離の積)＝0になっているので，そのなかから O_3 を探索するアルゴリズムを有していることが必要である．一方，2乗和を用いると，D_1 がターゲット値から外れようとも全体としてターゲット値に近い点を探索する．ロバスト最適化を行うときはこの指標を用いることが必要である．ロバスト最適化では，D_1 が特性値，D_2 がばらつきとなるが，乖離の積を用いると最適値 O は D_1 を優先して決定されてしまい，ばらつきを考慮したロバスト解が得られないからである．

また，乖離の積では，複数の特性値のターゲット値が解空間の内側に存在するケースにおいて，**図 2.8** のように複数の等価な最適点候補が存在するという特殊な状況が生じる．この場合は，特性値に掛けられたウェイトによって選

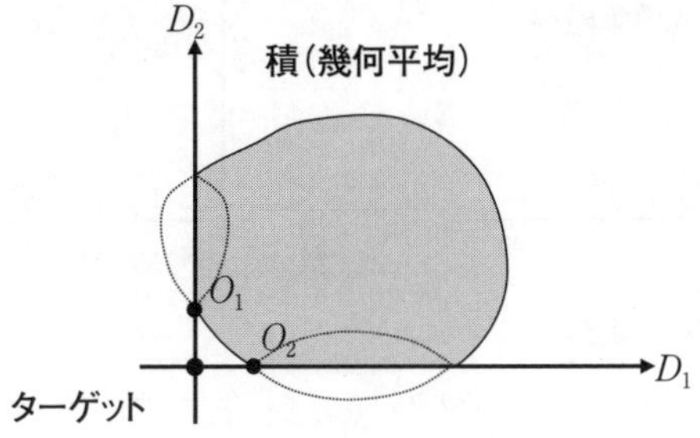

図 2.8　複数の特性値のターゲット値が解空間の内側に存在するときの特殊ケース

択するアルゴリズムが必要である．また，このとき最適点がドラスティックに変化することを頭に入れておかねばならない．

StatWorks が使用する「満足度の積」は，乖離の2乗和に近い最適点を与えることができる統合指標である．

2.5 ウェイトについて

統合指標を合算する際にそれぞれの探索指標に掛ける係数をウェイトという（乖離の積については，対数の算術平均であるので対数値に掛ける値である）．これがどのような役割りを果たすのかを説明する．

乖離の2乗和の場合も，乖離の積の場合も高いウェイトを掛けた探索指標の評価が優先され，その指標を満足するように最適解が選択される．図 2.9 にその様子を示す．

ウェイトの変更は，$0.7 \Leftrightarrow 0.3$，$0.8 \Leftrightarrow 0.2$ のように大きめにしないと効果が現れにくい．

図 2.10 に満足度を指標にしたときのウェイトの効果を示す．

満足度を探索指標にしたときも，高いウェイトを掛けた探索指標が優先され

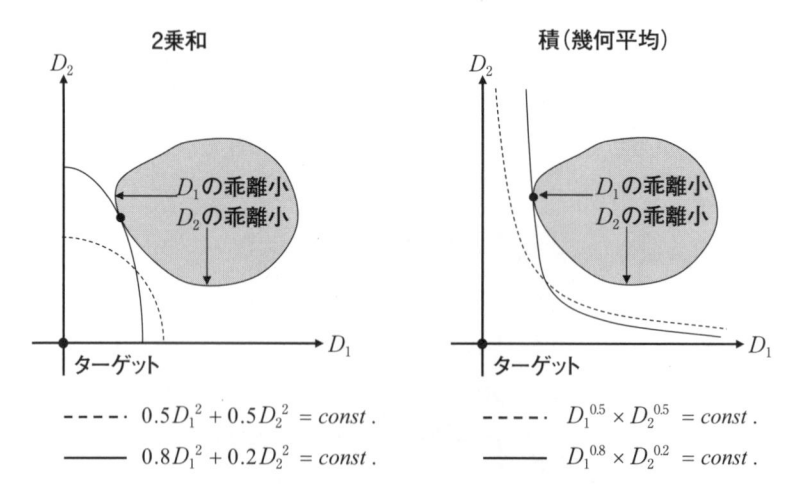

----　$0.5D_1^2 + 0.5D_2^2 = const.$　　　----　$D_1^{0.5} \times D_2^{0.5} = const.$

――　$0.8D_1^2 + 0.2D_2^2 = const.$　　　――　$D_1^{0.8} \times D_2^{0.2} = const.$

図 2.9　統合指標におけるウェイトを変更したときに選択される解

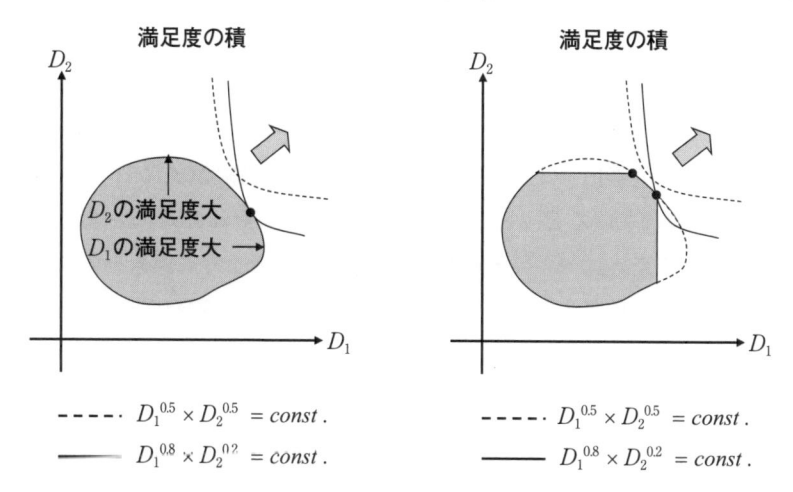

図 2.10 満足度を探索指標としたときの，ウェイトを変更したときに選択される解

る．図 2.10 の右側は複数の等価な最適点候補が存在する場合であるが，乖離の積の最小化ではどちらも 0 になってしまい専用のアルゴリズムが必要であったが，満足度の積では特に考慮を必要とせずウェイトを高くした側の最適点が選択される．

2.6 条件付き最適化

条件付き最適化とは，特性値側に何らかの条件が付く場合のことをいう．条件とは「あってはならない」ことを指している．条件と似たものに特性値間に線形制約がある場合がある．これはパレート解と呼んで区別する．（特性値間に制約，すなわち複数の応答曲面関数が従属関係にある場合はパレート解に陥る．これは条件付き最適化とは状況が異なってくるので第 3 章で説明する．一方，設計変数間に線形制約がある場合の最適化を制約付き最適化というが，この解説は紙面の都合で割愛する．）

条件付き最適化の代表的なものにチラーユニットの最適化がある．チラーユニットとは半導体製造装置などに接続される冷却水循環器である．よく冷えるのは好ましいが，冷却水を循環させるには 0℃ を下回ってはならない．これを

条件という．他の条件には製品の重量がある．強度と重量のような2目的最適化を行う場合において，仕様上，重量の上限が設定されている場合，これを超えないことを条件という．

通常の多目的最適化では，複数ある冷却対象の目標温度(仮に20℃以下とする)に範囲を設けていると，目標値では満足度は1，それを外れても満足度は徐々に悪くなるため，ペナルティの総和が最小になるように探索を続け，大局的に見て一番良い最適解を探索してしまう．つまり，ある冷却対象の水温が氷点下であっても総合的には最適ということもある．しかし，本ケースでは水温は0℃を下回ることが許されないので，最適解の探索時に，そのような領域には強制的に満足度0を与え，そこから最適解を選択しないようにしなければならない．このときペナルティとして「乖離の和」あるいは「乖離の2乗和」を用いると，この条件が強く反映されない(他の特性値の満足度が高ければ，総合満足度も高くなる)．そこで「乖離の積」あるいは「満足度の積」を採用する．積を使う場合は逆に探索を続けてもよい範囲においては，満足度は0でない小さい値を設定するなど配慮が必要になってくる．(StatWorksはこれらの配慮があらかじめなされている．)

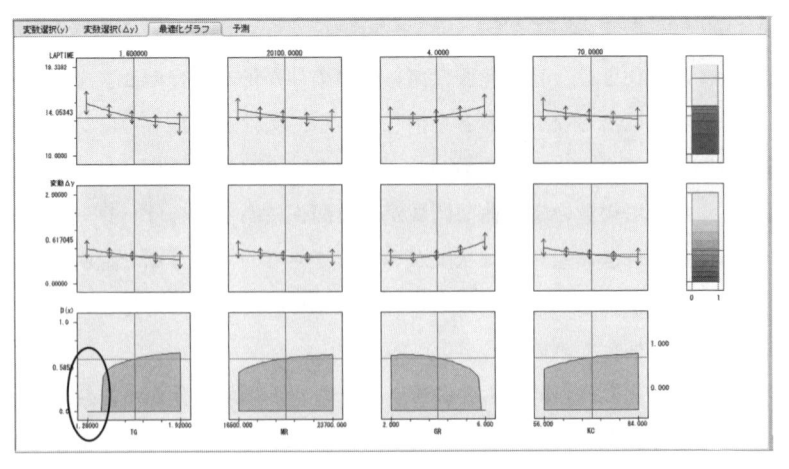

図 2.11 特性値に条件を付けたときの総合満足度の状態

設定例は，前掲の図 2.1 のとおりである．図 2.1 は RC カーの最適設計の事例であるが，この事例では望小特性にもかかわらず最大値側を 15 秒とし，15 秒以上のときの満足度を 0 とした．すると，図 2.11 のごとく総合満足度にも反映され，特性値が 15 秒以上になるような設計値は総合満足度が 0 になり選択されないようになっている（図中の○で囲んだ箇所）．

2.7　逐次最適化とその方法

　逐次最適化にまったく利用価値がないわけではない．複数の特性のなかで，排ガスのように法規要件があるような場合，あるいは性能やコストの制約がある場合，優先してこれらを満足させなければならない．したがって，大局的な最適化を行う前に，要件を遵守できる設計値の範囲を決めておく必要がある．このときに逐次最適化が使用される．

　しかし，複数の目的のうち 1 つを決めることにより設計変数間に線形制約が掛かる．このような状況下で最適化することを「制約付き最適化」というが，具体的には設計変数間に共連れが発生するということである．このときに発生している共連れ（具体的には線形制約式）がわかれば，設計改善につながる．今日，これらについて研究されているが，系統的な方法論は確立されていない．

第3章　パレート解

3.1　パレート解とは

　多目的最適化は，統合指標を用いて最適解探索を行うのが一般的であると述べたが，統合指標を用いることが困難な多目的同時最適化もある．それは一方の特性値を満たすように最適化すると，もう一方の特性値が犠牲になるような**トレードオフ**になるケースである．トレードオフ曲線というものがあったとすると，その曲線上では総合満足度は一定の値となってしまう場合があり，総合満足度を指標にした最適解探索ができない．さらにはトレードオフ曲線のような集合としての解が欲しいと思っても，それもできない．このような満足度一定の解を**パレート解**(パレート最適解)あるいはパレート解集合といい，満足度による探索とは異なる探索法を用いる．

　パレート解とはイタリアの経済学者 Pareto の名に由来しており，「誰かが幸福になるには必ず他の者の不幸を伴う」という名言にもとづいている．

　パレート解の定義は種々あり，中山ら(1994)によれば他特性をそれぞれ少しずつ犠牲にして得た非優越解のことをパレート解と呼ぶようである．すなわち，ある特性値についてこれ以上良い解を得ようとすると他の特性値の改悪をともなわざるを得ないような解空間の中の縁に存在する解の集合となる．

　本章では，このような設計限界的な解集合ではなく，解空間全体にわたって一つの特性を変更しようとすると，必ず他の特性を変更せざるを得ないようなケースをパレート解とする．

　では，具体的にどのようなケースがパレートに該当するのであろうか．それ

は，個々の特性値の間に従属関係がある場合である．従属関係には内部従属と外部従属がある．

まず，内部従属について説明する．内部従属とは，複数の応答曲面関数が得られたときにそれらの係数行列がランク落ちするようなケースである．いま，式(3.1)に示す3つの応答曲面関数が得られたとする．

$$y_1 = 8x_1 + 6x_2 + 5x_1^2 + 5x_2^2 + x_1x_2 + C_1$$
$$y_2 = 3x_1 + 2x_2 - 2x_1^2 + x_2^2 - 3x_1x_2 + C_2 \quad (3.1)$$
$$y_3 = -11x_1 - 8x_2 - 3x_1^2 - 6x_2^2 + 2x_1x_2 + C_3$$

これらの応答曲面関数の係数を行列で表すと，式(3.2)のようになる．

$$\begin{pmatrix} y_1 \\ y_2 \\ y_3 \end{pmatrix} = \begin{pmatrix} 8 & 6 & 5 & 5 & 1 \\ 3 & 2 & -2 & 1 & -3 \\ -11 & -8 & -3 & -6 & 2 \end{pmatrix} \begin{pmatrix} x_1 \\ x_2 \\ x_1^2 \\ x_2^2 \\ x_1x_2 \end{pmatrix} + \begin{pmatrix} C_1 \\ C_2 \\ C_3 \end{pmatrix} \quad (3.2)$$

式(3.2)は3行×5列の行列なので通常はランク3であるが，この行列はランク2であり，式(3.3)のような従属関係にある．

$$y_1 + y_2 + y_3 = \text{const.} \quad (3.3)$$

式(3.3)からわかるように，y_1を最大化するためには，y_2あるいはy_3を犠牲にせざるを得ない．また，この式からパレート解は，解空間座標中に超平面として存在していることがわかる．

このような内部従属に陥りやすい事例としては，同じような性質の特性値を取り上げて多目的最適化を試みる場合が相当する．例えば，次の事例は園家ら(2001)によるプラズマ溶射による表面改質の実験結果であるが，特性値として，皮膜硬さY_h，アブレッシブ摩耗量Y_{aw}，エロージョン摩耗量(角度30°)Y_{el}，エロージョン摩耗量(角度90°)Y_{ev}を取り上げている．これらはすべて同じような性質の特性値である．

園家ら(2001)は，中心複合計画にもとづき**表3.1**のようなデータを得た(データは加工してある)．

3.1 パレート解とは

表 3.1 プラズマ溶射実験

実験番号	アーク電流	アルゴン流量	溶射距離	膜硬さ Y_h	アブレシブ摩耗量 Y_{aw}	エロージョン摩耗量 30° Y_{el}	エロージョン摩耗量 90° Y_{ev}
1	417.0	35.0	120.0	288.57	40.32	66.11	57.47
2	583.0	35.0	120.0	350.39	40.20	69.95	62.53
3	417.0	55.0	120.0	281.96	36.76	67.94	57.09
4	583.0	55.0	120.0	323.52	38.15	68.99	60.16
5	417.0	35.0	160.0	318.54	38.26	60.25	55.73
6	583.0	35.0	160.0	383.24	35.67	64.40	60.19
7	417.0	55.0	160.0	332.70	35.31	62.41	56.66
8	583.0	55.0	160.0	379.68	34.24	63.31	59.07
9	399.1	45.0	140.0	331.85	36.95	63.84	57.94
10	600.9	45.0	140.0	399.33	36.16	67.05	62.60
11	500.0	32.8	140.0	346.85	38.64	66.30	60.20
12	500.0	57.2	140.0	339.29	35.67	66.86	59.29
13	500.0	45.0	115.7	313.88	38.33	72.15	61.40
14	500.0	45.0	164.3	366.46	34.61	65.14	59.36
15	500.0	45.0	140.0	368.29	36.32	68.20	61.58

注) 園家啓嗣ら(2001):「プラズマ溶射 Ni-50 Cr 皮膜の組織，物性および溶射条件の相関性」，『日本溶接学会論文集』，19(1)，pp.27-36 から筆者がデータを加工，編集した．

この実験結果から，それぞれの特性値の応答曲面関数を求め係数行列を示すと図 3.1 のようになった．

$$\begin{pmatrix} \beta_{Yh} \\ \beta_{Yaw} \\ \beta_{Yel} \\ \beta_{Yev} \end{pmatrix} = \begin{pmatrix} \overbrace{27.12 \quad -2.93 \quad 21.33}^{\text{1次項}} & \overbrace{-0.43 \quad -8.05 \quad -9.03}^{\text{2次項}} & \overbrace{-4.75 \quad 1.04 \quad 5.51}^{\text{交互作用項}} \\ -0.31 \quad -1.24 \quad -1.50 & 0.13 \quad 0.34 \quad 0.10 & 0.38 \quad -0.62 \quad 0.15 \\ 1.26 \quad 0.24 \quad -2.84 & -0.96 \quad -0.58 \quad 0.12 & -0.75 \quad 0.02 \quad 0.03 \\ 1.88 \quad -0.37 \quad -0.74 & -0.45 \quad -0.63 \quad -0.41 & -0.51 \quad -0.16 \quad 0.32 \end{pmatrix}$$

図 3.1 プラズマ溶射実験の応答曲面関数の係数行列

この状態でランク落ちしていると内部従属関係にあるといえるが，通常の実験結果では厳密なランク落ちは生じない．そこで，この行列の固有値を調べてみる．0に近い固有値が存在すると線形制約があるという性質を利用する．ただし，$m \times n$ 行列の固有値は求められないので，次の式(3.4)の性質を利用して係数行列を変換し，$m \times m$ 行列とする．

$$\mathrm{rank}(A) = \mathrm{rank}(A'A) = \mathrm{rank}(AA') \tag{3.4}$$

図3.1の係数行列を A とすると，

$$AA^T = \begin{pmatrix} 1399.43 & -42.04 & -19.31 & 49.43 \\ -42.04 & 4.58 & 2.98 & 0.63 \\ -19.31 & 2.98 & 11.58 & 5.52 \\ 49.43 & 0.63 & 5.52 & 5.38 \end{pmatrix} \tag{3.5}$$

となる．この行列の固有値は大きいものから順に示すと，

1402.709, 15.571, 2.692, 0.004

となり，きわめて0に近い固有値が存在することがわかる．すなわち，係数行列である図3.1の行列はほぼランク落ちの状態にあるといえる．

このように，似通った性質の特性値を多目的最適化しようとするときは，あらかじめ係数行列の固有値を調べ，パレート解に陥っていないかどうか確認する必要がある．パレート解に陥るような特性値を満足化関数を用いて最適化しようとしても，まともな解は得られないので注意が必要である．

次に，外部従属について説明する．外部従属には外部境界条件と外部参照がある．

外部境界条件とは，例えばエンジンのエミッション(排気ガス)を特性値としてエンジン諸元を最適化しようとしたケースが該当する．いま，PM(微粒子)，HC，CO，CO_2 を特性値として観測したとする．しかし，これらの特性値の間には，C総量は供給燃料中のC量に依存するという従属関係がある．すなわち最初のC供給量という外部の境界条件が存在するのである．CO_2 を含めてすべてが最小化できるような夢のようなエンジンは成立しないのである．

次に外部参照について説明する．これはある特性値の目標値がもう一方の特

性値に依存していたり，いくつかの特性値から計算される値に依存していたりするようなケースである．具体的事例としては，橋梁の設計があげられる．橋梁の構造最適化において特性値は単純に考えれば強度なのだが，強度を増すために構造部材が増えると自己重量が増す．結果的に橋梁の目標強度は，影の特性値である自己重量を加味したものとなる．最適解は自己重量に依存する目標強度を満たす解の集合となる．

外部境界条件であっても外部参照であってもパレート解となる．一般的な統計ソフトで外部境界条件や外部参照状態でのパレート最適化ができるものは少ない．

3.2 曲面に乗るケース

前節でパレート解は解空間中の超平面に乗ると説明したが，実際にはトレードオフなので反比例のような曲面に乗っているケースも多くある．反比例のケースは，本来は，$y_1 - a \cdot y_2 = 0$ という従属関係があるのだが，y_2 の代わりに y_2 の逆数を観測している場合に相当する．これは，$a \cdot y_2$ を移項して両辺を y_2 で割ると，$y_1 \cdot 1/y_2 = a$ となり反比例の式となることから理解できる．具体的な事例としては，$pv = nRT$ という気体の状態方程式における圧力 p と体積 v の反比例関係が挙げられる．この事例では，本来は体積 v の逆数である気体の密度 ρ を観測していれば超平面に乗る従属関係となるが，密度の逆数を観測しているので反比例の関係となっている．

3.3 パレート解の最適化

今，次の式で表される3つの応答関数があったとする．

$$\begin{aligned} y_1 &= 1.2 + 0.3x_1 + 0.3x_2 - 0.3x_1^2 - 0.4x_2^2 + 0.5x_1x_2 \\ y_2 &= 0.3 - 0.2x_1 + 0.1x_2 + 0.1x_1^2 + 0.3x_2^2 - 0.5x_1x_2 \\ y_3 &= 0.4 - 0.1x_1 - 0.4x_2 + 0.2x_1^2 + 0.1x_2^2 \end{aligned} \quad (3.6)$$

これらの応答関数は独立ではなく，パレート状態に陥っている．これらの応答関数が形成する解空間を図示すると**図3.2**のようになる．

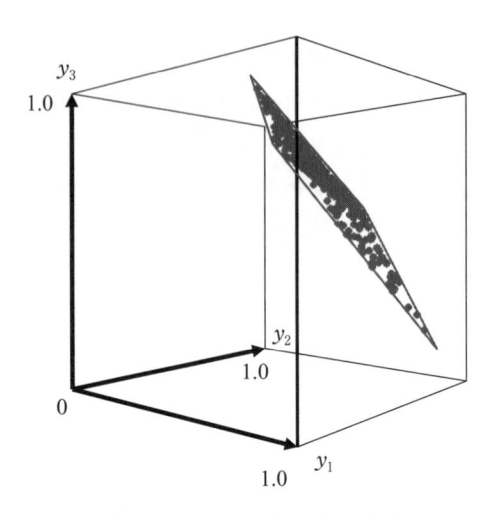

図 3.2 パレート解が乗る平面

繰返しになるが,パレート面は n 次元解空間内の超平面に乗る.次にこれらの応答値を $(1.0, 1.0, 1.0)$ をターゲット値として,探索指標に変換する(2乗のペナルティを与える).探索指標化したときの解空間を図 3.3 に示す.

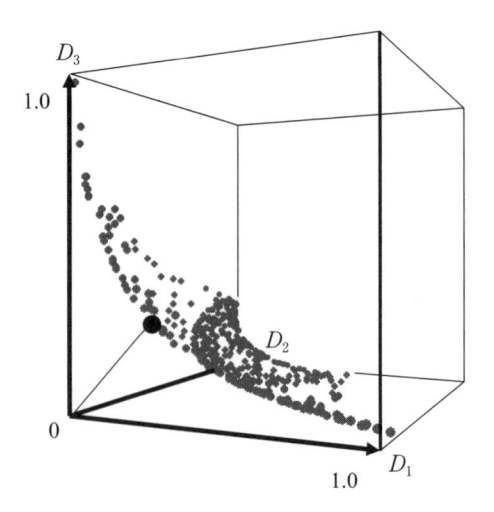

図 3.3 探索指標化したパレート解空間

図 3.3 からわかるように，ターゲット値からの乖離の 2 次のペナルティを与えて探索指標化するとパレート解集合は平面ではなく曲面になることがわかる．ここで，ターゲット値 $(0, 0, 0)$ からの乖離のユークリッド距離を最小化すると図 3.3 中の●になる．これが見かけ上の最適点である．ただし，この見かけ上の最適点は，y_1, y_2, y_3 をそれぞれほど良く満たすものではなく，ある特性値に偏る可能性が大きい．目標値をほど良く満たす解の発見方法については未だ方法論が示されていない．また，この解空間の 1 点は複数の設計解によって共有されている場合がある．このような性質も知っておかなければならない．

また，パレート解に陥ると，唯一解が見つからなくなる訳ではない．図 3.2 のように等価な解が多数あることを知らずに見かけ上の唯一解を解としてしまう危険が大きいということである．また，y_1, y_2, y_3 が独立ではないために，y_1, y_2 を固定しながら y_3 を若干変更したいという設計変更の要求に応えることができない．設計変更が効かない解である．そういう解であることを十分知りながら最適化を行う必要がある．

パレート解で解探索を行うときは，線形制約を有する応答関数の一つを最適化対象から外してやるなどの方策がとられる．

第4章　ロバスト最適化

4.1　応答曲面法によるロバスト最適化とパラメータ設計の違い

　近年，応答曲面関数が非線形であることを利用した「ロバスト最適化」が行われるようになった．これを図 4.1 の左側を用いて説明する．応答が非線形の場合，応答がピーキーな(せり立った)原点側より応答がプラトーな(台地的な)●側のほうが，設計変数の変動に対して特性値が安定している．このことに着目したのがロバスト最適化である．ロバスト化できる仕組みは次のとおりである．設計変数が複数あり多次元空間になっているとき，応答が高次関数であるばかりでなく，なかには鞍点や停留点など複数の安定点が存在する．ロバ

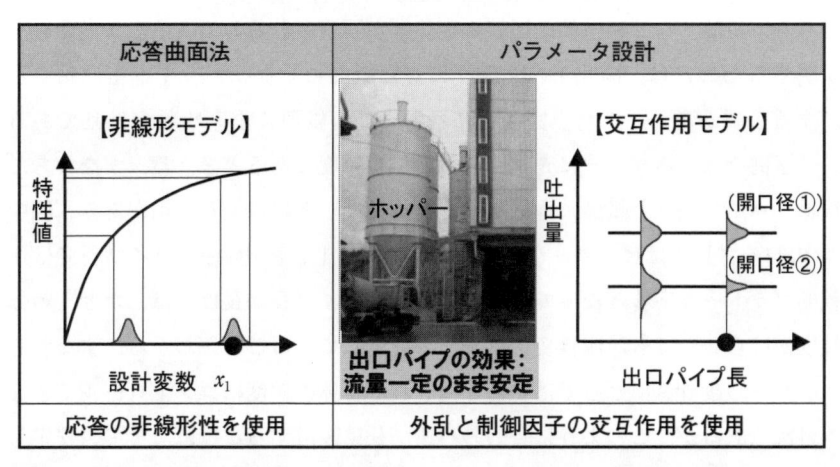

図 4.1　応答曲面法によるロバスト化とパラメータ設計によるロバスト化の違い

スト最適化はそのような設計安定点を設計値そのものの最適点と同時に探索する多目的最適化法である．具体的な方法は次節に示す．

　一方，パラメータ設計は，外乱に対して変動が少ない設計を狙っているのであるが，ここでは，外乱を用いるか否かは本質的な違いではない．応答曲面法であっても外乱の影響が測定可能であれば，パラメータ設計同様外側に外乱を配して多目的同時最適化を行えばよい．また，設計変数の変動は外乱によって生じていると考えられないわけでもなく，外乱に関しては取り込み済みということもできる．

　しかし，パラメータ設計の本質は外乱と設計因子の交互作用を用いて設計因子の最適化を行うことにある．応答の非線形性を用いているのではない．パラメータ設計におけるロバスト化の概念を，応答曲面法と同様の図で説明しようとするとまったく異なる図となる．それを図4.1の右側に示す．これはホッパー(セメント工場にあるような粉体の吐出装置)の事例である．ホッパーは吐出口にパイプを取り付けると吐出量のばらつきが減るといわれている．しかし，このとき吐出量そのものはまったく変化しない．応答が非線形でないばかりか，応答変化すらないのである．すなわち，パラメータ設計は応答の非線形性を利用しているのではない．それにもかかわらず特性値には変化幅が観察されるのである．では，なぜ特性値の応答の変化幅が観察されるのであろうか．それを説明するためには，図4.1のグラフに対し紙面に垂直にもう1本座標軸を追加する必要がある．これを図4.2に示す．この紙面に垂直な軸が外乱である．この事例では，ホッパーに充填される粉体の粒度であると考える．すなわち，横軸「パイプ長」と紙面に垂直な軸「粉体粒度」とには交互作用があり，図中A_1のパイプ長ではピーキーな応答を示すのに対し，図中A_2のパイプ長では比較的プラトーな応答となっているのである．パイプ長が長ければ，たとえ粉体粒度がばらついても，流量変化は少なく安定していることがわかる．すなわち，ホッパーの設計者にとっては中に充填される粉体の粒度はコントロールできない外乱であるが，このように長めのパイプ長に設計することによって，安定した吐出量を確保できるのである．

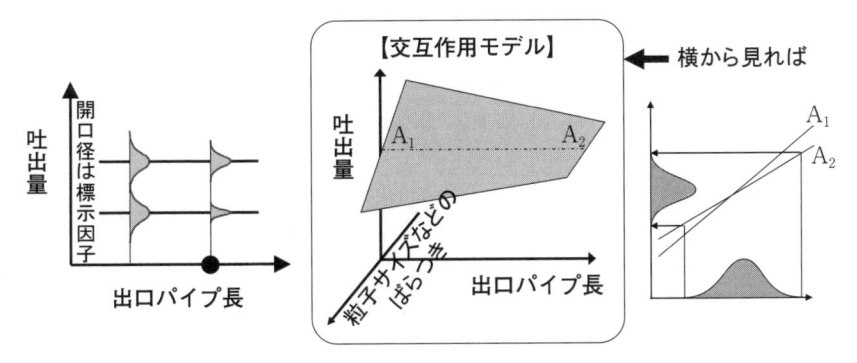

図 4.2　パラメータ設計の説明

　一方，応答曲面法によるロバスト最適化では，ホッパーを量産したときに各設計パラメータ（例えば傾斜角など）がばらつくが，そのばらつきに対して吐出量がピーキーに反応するかプラトーに反応するか見極めて，なるべく製造上のばらつきに影響されない設計値を採用して設計しておくという考え方になる．設計変数がばらついても特性値は安定しているので，出荷時のキャリブレーション等のコストを低減することが可能になる．

　なお，応答曲面法において外乱と設計因子の交互作用を使ったパラメータ設計と同じ概念の最適化を行おうとすると，かなり高度な解析が必要となる．

4.2　ロバスト最適化の方法

　この節では，応答の非線形性を利用したロバスト最適化の具体的方法について説明する．

　ロバスト最適化は，特性値の応答と，特性値の変化幅の応答の二目的同時最適化である．特性値の変化幅が必要なのは，特性値がピーキーに変化する設計値を避けて設計したいという意図を数値的に把握するためである．すなわち，ロバスト最適化を達成するためには，あらかじめ特性値の変化幅の応答曲面関数が必要となる．応答曲面関数を導出するためには，実験点ごとに特性値の変化幅が与えられている必要がある．

　特性値からその変化幅を求める方法はいくつかある．その一つが1次近似2

次モーメント法と呼ばれる方法である．応答曲面関数を偏微分し，設計変数毎の軸に対する傾きを求め，一定幅の特性値変化に関する応答変化分の2乗値を全変数分合算するのである．しかし，この方法には欠点がある．簡単にいえば，極値では微係数が0になることである．すなわち，極めてピーキーな変化を伴う極値であるために実はその両側に大きな変化幅があっても，ピーク直近では微係数が小さく観察されてしまうために，大きな変化を見落とす可能性がある．

そこで，**摂動法**という方法が考案された．その方法を説明する．応答曲面関数を求めるための実験点がいくつかあるとする．摂動法とは，図4.3のように，その実験点の周りにさらに新たな実験点を摂動によって生成し，それらの座標を応答曲面関数に代入して各応答を求め，そのなかの最大変化幅を算出する方法である．いま，中心点を含んでそれらの応答を y_i とすると，応答の変化幅 Δy は式(4.1)のように表される．

$$\Delta y = \mathrm{MAX}(y_i) - \mathrm{MIN}(y_i) \tag{4.1}$$

これによって，もし中心点が極めて局所的なピークであっても，それを含んだ変化幅が算出されるので，1次近似法のような見落としは生じない．

ただし，摂動によって実験点を生成する際に注意すべき点がある．それは，摂動幅は設計空間の幅の何％か，あるいは図面上の公差などから決め，水準を

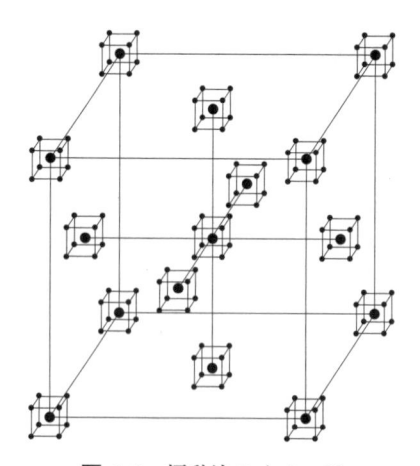

図4.3 摂動法のイメージ

振って組み合わせてつくるのであるが，3水準以上で組み合わせるときは軸上の実験点と頂点の実験点とは中心点からの距離が異なり，摂動幅に違いが出てしまう点である．そこで，その補正が必要となる．通常は頂点の座標を中心側に移動して軸上の点の摂動幅と一致させる．また，4水準以上であれば，総当たりの必要性はなく，内側にある組合せは中心点以外は省略可能である．

最後に，応答の変化幅が単峰の関数で近似できるかどうかという疑問に対する説明が必要である．応答の変化幅は，基本的には応答曲面関数の偏微分係数から算出されることは前に述べた．元の特性値の関数が単峰(2次)であれば，その偏微分係数はその次数を上回ることはない．つまり，応答の変化幅は多峰の関数にはならない．よって，単峰(2次)の応答曲面関数で近似することが可能なのである．

4.3　ロバスト最適化の事例

第1章で取り上げたRCカーの事例を用いて，ロバスト最適化を行ってみる．表1.4の中心複合計画のデータを用いる．メニューの[実験計画法]→[応答曲面法：ロバスト最適化]として解析画面に進むことができる．解析上，特徴的なのが図4.4の画面である．図4.3の実験点ごとの摂動を何水準で行うか入力する箇所があるが，デフォルトでは3になっているので5程度に増やすとよい．また，摂動幅については設計空間の10%がデフォルトになっているので，必要に応じ変更する．ここでは，そのまま解析に進む．

その後，通常の多目的最適化と同様に最適化を行う．今回はいずれも望小特性であるので，ラップタイムのターゲット値は12秒，最大許容値は15秒，Δyのターゲット値は0秒，最大許容値は1秒とした．解析結果を図4.5に示す．

ロバスト最適化結果を表4.1に示す．GR，KDに変化が見られる．この状態でΔy = 0.35秒で最小となっている．ラップタイムは12.85秒(確認実験結果)であるが，最速値12.75秒を若干犠牲にしながら，Δyを小さくするように最適点が動いているのがわかる(図2.7を参照)．

第4章 ロバスト最適化

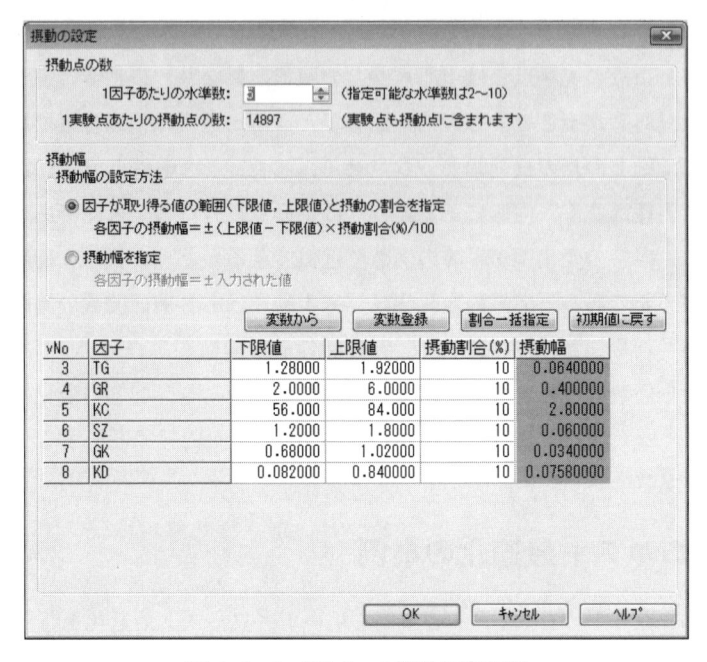

図 4.4 StatWorks の摂動設定画面

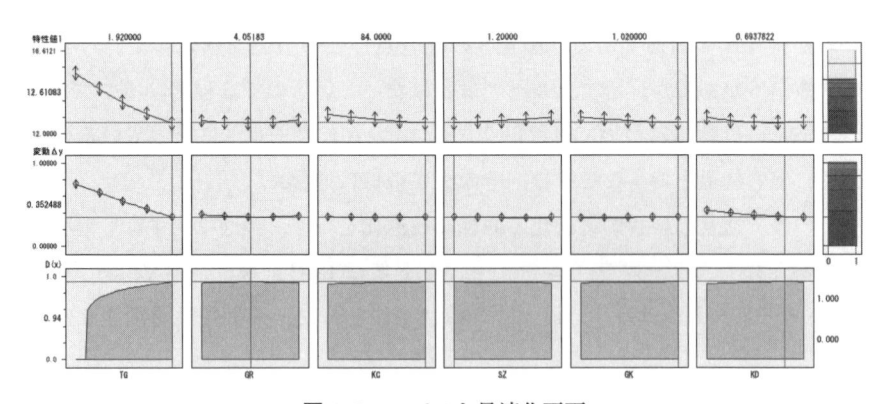

図 4.5 ロバスト最適化画面

4.3 ロバスト最適化の事例

表 4.1 ロバスト最適化結果

ケース	モーター	成績	TG	GR	KC	SZ	GK	KD
戦略①	DynaRun	12.75 秒	1.92	3.930	84.0	1.2	1.02	0.610
ロバスト	DynaRun	12.85 秒	1.92	4.052	84.0	1.2	1.02	0.694

参 考 文 献

1) 中山弘隆, 谷野哲三(1994):『多目的計画法の理論と応用』, コロナ社.
2) 中山弘隆ら(2007):『多目的最適化と工学設計〜しなやかなシステム工学アプローチ〜』, 現代図書.
3) 玄光夫, 林林(2008):『ネットワークモデルと多目的 GA』, 共立出版.
4) 松岡由幸, 宮田悟志(2008):『最適デザインの概念』, 共立出版.
5) 穴井宏和, 横山和弘(2011):『QE の計算アルゴリズムとその応用』, 東京大学出版会.
6) 園家啓嗣ら(2001):「プラズマ溶射 Ni-50 Cr 皮膜の組織, 物性および溶射条件の相関性」, 『日本溶接学会論文集』, 19(1), pp.27-36.
7) D. Derringer & R. Suich(1980): "Simultaneous Optimization of Several Response Variables", *Jounal of Quality Technology,* Vol.12, No 4, pp.214-219.

索　引

［英数字］

1次近似2次モーメント　166
1次式　47
2水準直交表　18
　──による計画の構成　24
2水準要因計画の構成　100
2段階設計　52
3種類のノイズ対策　35
Box-Behnken　130
　──計画　103
D最適計画　127
Plackett-Burmann　126
SN比の推定　54

［ア　行］

網掛け法　123
鞍上点　110
一部実施要因計画　13
　──の構成　19
伊奈の式　27
因子　4
ウェイト　150
内側直交表　44
エネルギー比型SN比　87
エンジニアード・システム　36
応答　4
応答曲面関数　121
応答曲面法　93
オッズ比　84

［カ　行］

回転可能計画　101
回転可能性　101
外部境界条件　158
外部参照　158
外部従属　158
外乱　34
乖離の2乗和　145
乖離の積　147
確認実験　54
観察データ　107
完全無作為化要因計画　9
感度の推定　54
基準点比例式　48
機能窓　76
　──法　76
鏡像反転　123
繰返しのある二元配置実験　9
計画　4
効果　4
交互作用効果　4
構造模型　4
交絡関係　16
誤差因子　36, 42
固有値　158
混合系直交表　39

［サ　行］

再現性の確認　54
最小2乗法　107
最適化　52

軸上点　98
　——の設定　100
システムチャート　46
実験計画法　3
実験データ　107
従属関係　156
主効果　4
出力特性　36
出力の補正　35
条件付き最適化　151
信号因子　40
シンプレックス　123
水準　4
スクリーニング　124
制御因子　36, 42
制御できない要因　34
制御できる要因　34
正単体　123
星点　98
　——距離　130
成分記号　17
制約付き最適化　153
　——アプローチ　115
設計パラメータ　36
摂動法　166
ゼロ点比例式　47
線形制約　158
線点図　19
外側因子　44

[タ 行]

第1種の誤り　84
第1段階の最適化　53
第2種の誤り　84
第2段階の最適化　53

多因子要因計画　7
ダウンヒル・シンプレックス法　123
田口の式　27
タグチメソッド　34
多元配置実験　7
多峰性　124, 142
多目的最適化　141
多目的同時最適化　141
探索指標　143
探索点　121
単峰　167
単目的最適化　121
逐次最適化　141, 153
中心点　98, 131
　——での繰返し数　101
中心複合計画　97, 126
チューニングの方法　68
調合　42
　——誤差因子　42
超平面　156
直積実験　126
直交多項式　73
直交展開　73
直交表　13, 39
　——L_{18}　39
　——L_{36}　39
　——の自由度　39
停留点　108
デジタルのSN比　84
転換量・活性度データ　112
統合指標　142
等高線　110
動的機能窓　80
　——法　77
動特性　43, 45

索　引

──のSN比　45, 49
──のパラメータ設計　45
特性　4
特性値の変化幅　165
トレードオフ　142

[ナ　行]

内部従属　156
内乱　34
入力信号　36
ノイズ　34, 36
　──因子　42
　──とその種類　34
　──の影響の減衰　35
　──の発見と除去　35

[ハ　行]

罰金　142
パレート解　155
　──集合　155
反応速度差法　81
反応速度比法　82
非線形システムのパラメータ設計　67
非線形の標準SN比　68
フィッシャーの3原則　3
複合計画　97
部材ばらつき　35
分散分析　21, 53
別名な関係　16
望小応答　4
望小特性　4, 75
　──のSN比　75

望大応答　4
望大特性　4, 76
　──のSN比　76
望目応答　4
望目特性　4, 61
　──のSN比　63
　──のパラメータ設計　61

[マ　行]

満足度　142
未知の不良の防止効果　38
面中心　130
モーメント　147
モデル　4

[ヤ　行]

ユークリッド距離　145
有効反復数　27
要因効果図　51
要因効果の推定　22

[ラ　行]

ランク落ち　156
理想機能　46
列の自由度　39
ロバスト　33
　──設計　33
　──最適化　163

[ワ　行]

割付け　13

JUSE-StatWorks/V 5 のご案内

■トライアル版の入手方法

　本書で使用しているパッケージのトライアル版，およびそのなかで使用しているサンプルデータを下記の㈱日本科学技術研修所の StatWorks ホームページからダウンロードできます．

　　　https://www.i-juse.co.jp/statistics/support/pm/download.html

　実際に StatWorks を動かしながら本書の解説や解析手法の出力結果をお読みいただくとさらなる学習効果が期待できます．

　また，ホームページからは，本書で紹介している StatWorks の製品概要や活用事例，簡易手順，パッケージの購入方法，典型的な研修カリキュラム，研修内容なども入手できます．

■本シリーズと StatWorks/V 5 シリーズの関係(○は含む)

　本シリーズと StatWorks/V 5 製品の手法との関係は，下表のとおりです．

	総合編プレミアム	総合編	ＱＣ七つ道具編	品質管理手法編	品質工学編	SEM因果分析編
第1巻	○	○				○
第2巻	○	○	○	○		
第3巻	○	○				
第4巻	○	○			○	
第5巻	○	○	○	○		○
第6巻	○	○				○

　注）　第1巻：ものづくりに役立つ統計的方法入門，第2巻：管理図・SPC・MSA入門，第3巻：信頼性データ解析入門，第4巻：パラメータ設計・応答曲面法・ロバスト最適化入門，第5巻：アンケート調査の計画・分析入門，第6巻：SEM因果分析入門

◆監修者・著者紹介

棟近雅彦(むねちか まさひこ)　[監修者]
　1987年東京大学大学院工学系研究科博士課程修了，工学博士取得．1987年東京大学工学部反応化学科助手，1992年早稲田大学理工学部工業経営学科(現経営システム工学科)専任講師，1993年同助教授を経て，1999年より早稲田大学理工学術院創造理工学部経営システム工学科教授．ISO/TC 176日本代表エキスパート．
　主な研究分野は，TQM，感性品質，医療の質保証，経営診断．主著に『TQM—21世紀の総合「質」経営』(共著，日科技連出版社，1998年)，『医療の質用語事典』(共著，日本規格協会，2005年)，『マネジメントシステムの審査・評価に携わる人のためのTQMの基本』(共著，日科技連出版社，2006年)など．

山田　秀(やまだ しゅう)　[著者]　第Ⅰ部，第Ⅲ部執筆
　1993年東京理科大学大学院工学研究科博士課程修了，博士(工学)取得．1993年東京理科大学助手，1996年東京都立科学技術大学講師，1999年東京理科大学助教授，2007年筑波大学大学院ビジネス科学研究科教授を経て，2016年より慶應義塾大学理工学部管理工学科教授．ISO/TC 176日本代表エキスパート，IEC/TC 111(環境配慮設計)国内委員長など．
　主な研究分野は，TQM，実験計画法，応用統計学．主著に『TQM品質管理入門』『品質管理のためのカイゼン入門』(ともに日本経済新聞社，2006年)，『マネジメントシステムの審査・評価に携わる人のためのTQMの基本』(編著，日科技連出版社，2006年)，『TQM・シックスシグマのエッセンス』(編著，日科技連出版社，2004年)，『実験計画法—方法編—』(日科技連出版社，2004年，日経品質管理文献賞受賞)，『実験計画法—活用編—』(編著，日科技連出版社，2004年)，など．

立林和夫(たてばやし かずお)　[著者]　第Ⅱ部執筆
　1972年大阪大学基礎工学部を卒業後，富士ゼロックス㈱に入社．勤務のかたわら明治大学兼任講師，東京工業大学非常勤講師，統計数理研究所客員教授を歴任．2011年同社を退社．品質工学会会員，品質管理学会会員．
　主な専門分野は，タグチメソッド(品質工学)，実験計画法．主著に『疑問に答える実験計画法問答集』(共著，日本規格協会，1989年)，『入門タグチメソッド』(日科技連出版社，2004年)，『入門MTシステム』『実験とデータ解析の考え方』(ともに共著，日科技連出版社，2008年)など．

吉野　睦(よしの むつみ)　[著者]　第Ⅳ部執筆
　1982年名古屋工業大学大学院修士課程を修了後，日本電装㈱(現 ㈱デンソー)に入社．現在，品質管理部TQM推進室担当次長．2008年名古屋工業大学大学院社会工学専攻後期課程修了，博士(工学)取得．名古屋工業大学非常勤講師，三重大学工学部非常勤講師．
　主な専門分野は，実験計画法，応答曲面法，デジタルエンジニアリングとSQCの融合．主著に『JSQC選書10 シミュレーションとSQC』(共著，日本規格協会，2009年)，『開発・設計における"Qの確保"』(共著，日本規格協会，2010年，日経品質管理文献賞受賞)など．

■実務に役立つシリーズ 第4巻

パラメータ設計・応答曲面法・ロバスト最適化入門
JUSE-StatWorks オフィシャルテキスト

2012年 7 月24日 第1刷発行
2025年 4 月10日 第9刷発行

監 修　棟 近 雅 彦
著 者　山 田　　秀
　　　　立 林 和 夫
　　　　吉 野　　睦
発行人　戸 羽 節 文

検印
省略

発行所　株式会社 日科技連出版社
〒 151-0051　東京都渋谷区千駄ヶ谷 1-7-4
　　　　　　渡貫ビル
　　　　　　電話　03-6457-7875

Printed in Japan

印刷・製本　港北メディアサービス㈱

© Shu Yamada, Kazuo Tatebayashi, Mutsumi Yoshino　2012
ISBN 978-4-8171-9405-3
URL http://www.juse-p.co.jp/

本書の全部または一部を無断でコピー，スキャン，デジタル化などの複製をすることは著作権法上での例外を除き禁じられています．本書を代行業者等の第三者に依頼してスキャンやデジタル化することは，たとえ個人や家庭内での利用でも著作権法違反です．

JUSE-StatWorks オフィシャルテキスト

実務に役立つシリーズ　全6巻

第1巻
ものづくりに役立つ統計的方法入門
棟近雅彦［監修］，安井清一・金子雅明［著］

第2巻
管理図・SPC・MSA 入門
棟近雅彦［監修］，奥原正夫・加瀬三千雄［著］

第3巻
信頼性データ解析入門
棟近雅彦［監修］，関　哲朗［著］

第4巻
パラメータ設計・応答曲面法・ロバスト最適化入門
棟近雅彦［監修］，山田　秀・立林和夫・吉野　睦［著］

第5巻
アンケート調査の計画・分析入門
棟近雅彦［監修］，鈴木督久・佐藤　寧［著］

第6巻
SEM 因果分析入門
棟近雅彦［監修］，山口和範・廣野元久［著］

★小社書籍はホームページでも紹介しております．
URL　http：//www.juse-p.co.jp/